電気材料

厚生労働省認定教材	
認定番号	第57564号
認定年月日	昭和62年9月7日
改定承認年月日	平成30年1月11日
訓練の種類	普通職業訓練
訓練課程名	普通課程

独立行政法人 高齢・障害・求職者雇用支援機構
職業能力開発総合大学校 基盤整備センター 編

は　し　が　き

　本書は職業能力開発促進法に定める普通職業訓練に関する基準に準拠し，電気・電子系，通信系の系基礎学科「材料」及び電力系の系基礎学科「電気材料」等の教科書として編集したものです。

　作成にあたっては，内容の記述をできるだけ平易にし，専門知識を系統的に学習できるように構成してあります。

　本書は職業能力開発施設での教材としての活用や，さらに広く電気・電子分野の知識・技能の習得を志す人々にも活用していただければ幸いです。

　なお，本書は次の方々のご協力により改定したもので，その労に対し深く謝意を表します。

〈監 修 委 員〉
　小野寺　理　文　　職業能力開発総合大学校
　柿　下　和　彦　　職業能力開発総合大学校

〈改定執筆委員〉
　木　暮　浩　己　　群馬県立太田産業技術専門校
　森　岡　徳　明　　東京都立中央・城北職業能力開発センター赤羽校

（委員名は五十音順，所属は執筆当時のものです）

平成30年1月

独立行政法人　高齢・障害・求職者雇用支援機構
職業能力開発総合大学校　基盤整備センター

目 次

序　章

1. 電気材料の重要性 …………………………………………………………………… 9
2. 電気材料の分類 ……………………………………………………………………… 9

第1章　構造材料

第1節　金属材料 ……………………………………………………………………… 12

　1.1　金属材料の種類 ………………………………………………………………… 12
　1.2　金属と合金の一般的性質 ……………………………………………………… 12
　1.3　鉄　と　鋼 ……………………………………………………………………… 13
　1.4　銅とその合金 …………………………………………………………………… 16
　1.5　軽金属と軽合金 ………………………………………………………………… 19

第2節　合成樹脂材料 ………………………………………………………………… 21

　2.1　合成樹脂製品の主な特徴 ……………………………………………………… 21
　2.2　主な合成樹脂材料の性質と用途 ……………………………………………… 22

第1章のまとめ ………………………………………………………………………… 27

第1章　練習問題 ……………………………………………………………………… 28

第2章　導電材料

第1節　導体材料 ……………………………………………………………………… 30

　1.1　導体材料の一般的性質 ………………………………………………………… 30
　1.2　導体材料に必要な条件 ………………………………………………………… 31

1.3　主な導体材料の素材 …………………………………………………… 31
　　1.4　電　　　線 …………………………………………………………… 34
　　1.5　絶縁電線 ……………………………………………………………… 37

第2節　特殊導体材料 ……………………………………………………………… 60
　　2.1　接点材料 ……………………………………………………………… 60
　　2.2　ヒューズ材料 ………………………………………………………… 61
　　2.3　ブラシ材料 …………………………………………………………… 62
　　2.4　ろう付材料 …………………………………………………………… 62
　　2.5　その他の材料 ………………………………………………………… 64

第3節　抵抗材料 …………………………………………………………………… 66
　　3.1　抵抗材料の性質 ……………………………………………………… 66
　　3.2　測定器用抵抗材料 …………………………………………………… 67
　　3.3　電流調節用抵抗材料 ………………………………………………… 67
　　3.4　電熱用抵抗材料 ……………………………………………………… 68
　　3.5　その他の抵抗材料 …………………………………………………… 69

第4節　半導体材料 ………………………………………………………………… 70
　　4.1　半導体の種類と精製 ………………………………………………… 70

第2章のまとめ ……………………………………………………………………… 73

第2章　練習問題 …………………………………………………………………… 74

第3章　絶縁材料

第1節　絶縁材料の分類 …………………………………………………………… 76
　　1.1　絶縁材料の分類 ……………………………………………………… 76

第2節　絶縁材料の性質 …………………………………………………………… 77
　　2.1　電気的性質 …………………………………………………………… 77
　　2.2　熱的性質 ……………………………………………………………… 78

2.3	機械的性質	78
2.4	化学的性質	79
2.5	許容温度と寿命	79
2.6	劣化とその原因	80

第3節　固 体 材 料 …………………………………………………………… 82

3.1	固体絶縁材料の分類	82
3.2	無機絶縁材料	82
3.3	繊維質絶縁材料	88
3.4	樹脂系絶縁材料	91
3.5	ゴム系絶縁材料	93
3.6	ワニス及びコンパウンド	95
3.7	造形絶縁物及び積層絶縁物	96

第4節　液 体 材 料 …………………………………………………………… 97

4.1	液体絶縁材料の分類と性質	97
4.2	植物性油	97
4.3	鉱物性絶縁油	98
4.4	合成絶縁油	98

第5節　気 体 材 料 …………………………………………………………… 100

5.1	気体絶縁材料の性質	100
5.2	各種気体絶縁材料	101

第3章のまとめ ………………………………………………………………… 103

第3章　練 習 問 題 …………………………………………………………… 104

第4章　磁 気 材 料

第1節　磁気材料の分類 ………………………………………………………… 106

1.1	磁気材料の分類	106

― 5 ―

第2節　永久磁石材料 ……………………………………………………… 107

 2.1　永久磁石材料の性質 ………………………………………………… 107
 2.2　焼入れ硬化磁石材料 ………………………………………………… 108
 2.3　析出硬化磁石材料 …………………………………………………… 109
 2.4　焼結磁石材料 ………………………………………………………… 110
 2.5　希土類を用いた永久磁石 …………………………………………… 110

第3節　磁心材料 …………………………………………………………… 111

 3.1　磁心材料の性質 ……………………………………………………… 111
 3.2　けい素鋼板（帯）……………………………………………………… 111
 3.3　高透磁率材料 ………………………………………………………… 116
 3.4　アモルファス磁性材料 ……………………………………………… 117
 3.5　高周波用磁心材料 …………………………………………………… 117

第4節　非磁性材料 ………………………………………………………… 120

第4章のまとめ ……………………………………………………………… 121

第4章　練習問題 …………………………………………………………… 122

第5章　配線・工事材料

第1節　電路材料 …………………………………………………………… 124

 1.1　電線管 ………………………………………………………………… 124
 1.2　ダクトと線ぴ ………………………………………………………… 138
 1.3　ケーブルラック ……………………………………………………… 144
 1.4　がいし，がい管 ……………………………………………………… 146
 1.5　ケーブルトラフ類 …………………………………………………… 150

第2節　配線材料 …………………………………………………………… 153

 2.1　フラッシプレート …………………………………………………… 153
 2.2　スイッチ ……………………………………………………………… 154

  2.3 接 続 器 具 ·· 162

第3節 接続材料・工事材料 ·· 172

  3.1 接 続 材 料 ·· 172
  3.2 工 事 材 料 ·· 179

第4節 開閉器・遮断器 ·· 193

  4.1 ヒ ュ ー ズ ·· 193
  4.2 ナイフスイッチ ·· 197
  4.3 開 閉 器 ·· 198
  4.4 遮 断 器 ·· 202

第5節 分 電 盤 ·· 208

  5.1 分 電 盤 ·· 208
  5.2 電流制限器 ·· 209

第6節 防災・非常用設備材料 ·· 210

  6.1 防 災 器 具 ·· 210
  6.2 非常用照明器具 ·· 213
  6.3 誘 導 灯 ·· 215

第5章のまとめ ·· 217

第5章 練 習 問 題 ·· 218

第6章 電気・電子部品

第1節 電気回路素子 ·· 220

  1.1 抵 抗 ·· 220
  1.2 コンデンサ ·· 222
  1.3 コ イ ル ·· 227

第2節　電子回路素子 …………………………………………………………… 228
　2.1　半　導　体 …………………………………………………………… 228
　2.2　pn接合ダイオード …………………………………………………… 229
　2.3　トランジスタ ………………………………………………………… 231
　2.4　電力用電子素子 ……………………………………………………… 232
　2.5　集　積　回　路 ……………………………………………………… 234

第3節　センサ素子 …………………………………………………………… 235
　3.1　センサの分類 ………………………………………………………… 235
　3.2　物理センサ …………………………………………………………… 236
　3.3　化学センサ …………………………………………………………… 240

第4節　その他の材料と素子 ………………………………………………… 241
　4.1　光ファイバケーブル ………………………………………………… 241
　4.2　超伝導材料 …………………………………………………………… 244
　4.3　太　陽　電　池 ……………………………………………………… 246

第6章のまとめ ………………………………………………………………… 247

第6章　練　習　問　題 ……………………………………………………… 248

第1章～第6章　練習問題の解答 …………………………………………… 249

索　　引 ………………………………………………………………………… 265

序　　章

1．電気材料の重要性

　現代の産業の基盤はエネルギーと情報である。このようなエネルギーや情報を支えているのが材料である。
　エネルギーに関する分野では，発電機，変圧器，電動機などの発電，送電，配電，電気設備に関する機器，部品が広く使われている。これらの機器や部品の性能は，それらを構成している材料の特性によって大きく左右される。
　情報に関する分野では，コンピュータなどの情報機器や光ファイバなどの通信用部品が利用されている。これらの機器や部品の性能を向上させるためには，機器に使われるデバイスや部品の性能を向上させる必要があり，これらのデバイスや部品の性能は材料の特性に大きく依存する。
　以上のように，エネルギーや情報の分野を発展させるためには，それぞれの分野で使われる機器，デバイス，部品の性能を向上させなければならない。このためには，機器，デバイス，部品を製造する際に，これらの性能を向上させるために最適な材料を選択することが重要となる。また，新しい材料を開発することも重要となる。
　さらに，機器，デバイス，部品を使う際にも，これらを構成する材料に関する知識が重要となる。例えば，これらの機器，デバイス，部品を高湿度環境で使う場合，どのような問題が発生するのかを推測するためには，機器，デバイス，部品を構成する材料がどのような特性をもっているのかを知っていなければならない。
　したがって，電気技術に携わる技術者は電気材料に関しての基本的な知識を身につけておく必要がある。

2．電気材料の分類

　電気材料は，その観点の相違により種々の分類が可能であるが，最も一般的な材料分類を次表に示す。

電気材料の分類

大別	細別	例
構造材料	金属材料	鉄，銅とその合金，その他
	合成樹脂材料	フェノール樹脂，メラミン樹脂，塩化ビニル樹脂，その他
導電材料	導体材料	銅とその合金，アルミニウム，その他
	特殊導体材料	金，銀，鉛，その他
	抵抗材料	ニクロム，カーボン，その他
	半導体材料	シリコン，ゲルマニウム，その他
絶縁材料	固体材料	木材，紙，ゴム，その他
	液体材料	鉱物性絶縁油，その他
	気体材料	空気，窒素，フレオンガス，その他
磁気材料	永久磁石材料	炭素鋼，タングステン鋼，クロム鋼，その他
	磁心材料	けい素，アモルファス，フェライト，その他
	非磁性材料	ステンレス鋼，その他

第1章
構造材料

　構造材料とは，筐体(きょう)などに用いられる材料であり，それらの構造を維持するために用いられる。したがって，構造材料には力学的強度，化学的安定性などが要求される。

　この章では，構造材料を金属材料と合成樹脂材料に分類し，それぞれの一般的性質や用途を説明する。

第1節　金属材料

金属材料は純金属と合金に大別できる。また，金属材料を鉄系の材料と非鉄系の材料に分類することもできる。この節では，このような金属の基本的な性質とその用途について説明する。

1.1　金属材料の種類

電気機器，配線器具の構造材料として用いられるものには，極めて多くの種類がある。なかでも金属材料が最も多く用いられている。それは，金属材料が機器を構成する材料として，強く，硬く，加工が容易で，かつ熱や電気の良導体で，入手しやすいなどの特殊性をもっているからである。

金属材料を分類すると図1－1のようになる。

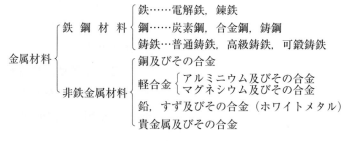

図1－1　金属材料の分類

1.2　金属と合金の一般的性質

電気機器，配線器具の構造材料としての金属材料は，導電材料として用いられる銅，アルミニウムなどのように単体の金属として用いられるほかは，ほとんどが単体金属にいろいろの元素を加えた合金の形で用いられる。

合金とは，主体となる金属に他の金属又は非金属を加えて融合したもので，全体として金属の性質を有するものをいう。金属や合金は，一般に次のような金属的性質を共通にもっている。

① 不透明で，特殊な色と光沢（金属光沢）を有する。
② 一般に板や棒のように薄く伸ばすことができる。
③ 熱や電気をよく伝える。

④ 常温では一般に固体である。

金属材料として重要な性質は，強さ，硬さ，粘り強さ（じん性）のほか，比重，比熱，溶融点，膨張係数及び耐食性などであるが，これらの性質は合金の成分や配合割合を適当に調整することにより広い範囲に変えることができる。金属元素の物理的性質を表1－1に示す。

表1－1　金属元素の物理的性質

金属元素	化学記号	比　重 [20℃]	導電率 [S/m] [20℃] [×10^6]	線膨張係数 [20°～40℃] [×10^{-6}]	溶融点 [℃]
銀	Ag	10.50	62.9	19.7	960.5
アルミニウム	Al	2.70	37.7	23.9	660
金	Au	19.32	41.0	14.2	1 063
ベリリウム	Be	1.82	15.2	12.4	1 285
ビスマス	Bi	9.80	0.92	13.3	271
カドミウム	Cd	8.65	13.2	29.8	320.9
セリウム	Ce	6.9	1.21	－	600±50
コバルト	Co	8.90	17.2	12.3	1 495
クロム	Cr	7.19	7.75	6.2	1 890
銅	Cu	8.86	59.5	16.5	1 083
鉄	Fe	7.87	10.0	11.7	1 535
水　銀	Hg	13.56	1.02	－	－38.9
マグネシウム	Mg	1.74	22.5	26	650
マンガン	Mn	7.43	0.39	22	1 244
モリブデン	Mo	10.22	20.0	4.9	2 625
ナトリウム	Na	0.97	21.1	71	97.8
ニッケル	Ni	8.90	14.3	13.3	1 455
鉛	Pb	11.34	4.55	29.3	327.4
白　金	Pt	21.45	9.43	8.9	1 773.5
ロジウム	Rh	12.44	22.2	8.3	1 966
アンチモン	Sb	6.62	2.56	8.5～10.8	630.5
すず	Sn	7.30	9.17	23	232
タンタル	Ta	16.65	6.67	6.5	2 996
チタン	Ti	4.54	2.38	8.5	1 820
バナジウム	V	6.07	7.69	7.8	1 725
タングステン	W	19.26	18.9	4.3	3 410
亜　鉛	Zn	7.13	16.6	39.7	419.5

1.3　鉄　と　鋼

鉄は銅とともに人類に最も古くから使用されていた金属である。これらの金属の使用量は文明の尺度であるといわれるほど，人類の生活にとって欠くことのできない最も重要なものである。

（1）鉄鋼の分類

構造材料として使用されているものは純粋な鉄ではなく，必ず他の元素との合金である。こ

れらの元素は合金成分として加えるものもあるし，また製鉄の過程で混入し，不純物として残っているものもある。鉄中に含有される元素はわずかであっても，鉄の性質に大きな影響を与える。これらの元素のうち最も大きな影響を与えるものは炭素（C）であって，鋼には必ず炭素が含まれているので，一般に鋼の分類は炭素含有量によって行われる。すなわち，炭素量が0.002～2％のものを炭素鋼，2～6.67％のものを鋳鉄という。炭素鋼や鋳鉄の性質を改善するために，合金成分を加えたものを，それぞれ合金鋼（特殊鋼），合金鋳鉄（特殊鋳鉄）という。

炭素鋼には表1－2に示すような種類と用途がある。

表1－2　炭素鋼の種類と用途

鋼質名	炭素量[％]	引張強さ[N/mm^2]	伸び[％]	焼入れ	冷間加工	用途
極軟鋼	0.15以下	333～402	34～25	否	良	リベット材，線，溶接材
軟鋼	0.20±0.05	382～461	21～17	否	良	一般鋼材，建築材，溶接品
半軟鋼	0.25±0.05	431～539	20～16	否	可	造船材，鉄道車両材（強度を要するもの）
半硬鋼	0.35±0.05	490～588	15～12	可	可	軸材，工作機械，特殊ボルト
硬鋼	0.45±0.05	588～686	12～9	良	否	軸材，普通工具
最硬鋼	0.45～0.7	686以上	8～6	良	否	焼入鋼工具

また，形状からは次のような種類があり，その大きさや長さは規格で決められている。

a　鋼　　板

ロールで圧延して所定の厚さにしたもので，呼び方は厚さ及び幅×長さで表す。熱間圧延鋼板と冷間圧延鋼板がある。

b　棒　　鋼

丸，平，角，六角などがある。呼び方は丸鋼は直径，平鋼は幅×厚さ，角鋼は辺間距離で表す。長さの定尺は太さによって異なる。

c　形　　鋼

山形（アングル），みぞ形（チャンネル），I形，T形，Z形などがある。呼び方は，山形鋼は辺高×辺高×厚さ，みぞ形鋼は高さ×幅×厚さ，I形鋼，T形鋼は高さ×幅×厚さ，Z形鋼は高さ×辺高×厚さで表す。

d　軽量形鋼

冷間圧延によってつくられ，主として建築構造に使用される薄厚のもので，山形鋼，みぞ形

鋼，リップみぞ形鋼，Z形鋼，リップZ形鋼，ハット形鋼などがある。

e 鋼　　管

継目なし鋼管（引抜鋼管）と溶接鋼管の種類があり，外径×厚さで表す。

（2）鉄鋼の用途

a 鍛鋼，圧延鋼材

鋼材は一般の機械と同様に電気機器にも非常に多く用いられ，種々のボルト，ナット，支持金具類をはじめ，溶接技術の発達に伴って形鋼及び鋼板を溶接して従来の鋳鉄，鋳鋼に代わって回転機固定子枠，回転子継ぎ板，台床あるいは変圧器外箱などに多く使われるようになった。これは，材料の節約，工費の軽減，設計変更の自由などの利点があるためである。

回転機には主として半硬鋼あるいは硬鋼が用いられ，電車用主電動機のような衝撃を激しく受ける箇所には，ニッケル鋼やニッケルクロム鋼などの合金鋼が用いられる。また，タービン発電機の回転子主軸には炭素0.5％，ニッケル3％，クロム1.2％のニッケルクロム合金鋼が用いられる。

b 特　殊　鋼

炭素鋼では得られない特殊な性質をもたせるため，用途及び目的に応じ，炭素以外の元素を加えた鋼を特殊鋼（合金鋼）という。加える元素としてはニッケル（Ni），クロム（Cr），マンガン（Mn），けい素（Si），タングステン（W），コバルト（Co），モリブデン（Mo），銅（Cu），バナジウム（V），チタン（Ti），硫黄（S）などがある。その役割には二通りある。その一つは鋼の焼入れ硬化を容易にすることであり，他の一つは，鋼に耐食性，耐熱性，磁性などの物理的特性及び化学的特性を与えることである。特殊鋼の用途による分類を示すと表1－3のようになる。

なお，炭素工具鋼は合金元素が加えられていないが，高炭素鋼は特殊な扱い方をする必要があり，一般に特殊鋼並みに扱われる。

c 鋳　　鉄

鋳鉄は複雑な形状のもの，あるいは大きな断面を有するものの製造に便利で，電気機械に最も多く用いられる。普通，鋳鉄と可鍛鋳鉄は，機器台床，軸受台，ケース，固定子枠，カバー，ブラケットあるいは直流機の継ぎ鉄に用いられる。また可鍛鋳鉄は振動や衝撃に対して強いので，配電盤金具，電磁石部品その他の可動部分に多く用いられる。

d 鋳　　鋼

鋳鋼は鋳鉄ほど多く用いられないが，電車の主電動機，直流機継ぎ鉄，溶接を必要とする鋳鋼品あるいは耐摩耗性，引張強さを要求される水車の部品などに用いられる。

表1-3 特殊鋼の分類と種別

区分	分類		鋼種例
構造用	強じん鋼		Ni鋼，Mn鋼，Cr鋼，Ni-Cr鋼，Cr-Mn鋼，Cr-Mo鋼，Cr-V鋼，Ni-Cr-W鋼，Ni-Cr-Mo鋼，Cr-Mn-Si鋼
	表面硬化	はだ焼鋼	Ni鋼，Ni-Cr鋼，Cr-Mo鋼，Ni-Cr-Mo鋼
		窒化鋼	Al-Cr鋼，Cr-Mo鋼，Al-Cr-Mo鋼
	ばね鋼		Si-Mn鋼，Si-Cr鋼
	快削鋼		Mn-S鋼，Pb鋼
工具用	切削工具	炭素工具鋼	高C鋼
		合金工具鋼	W鋼，W-Cr鋼，Cr-Mn鋼
		高速度鋼	W-Cr-V鋼，W-Cr-V-Co鋼，W-Cr-V-Co-Mo鋼
	ダイス用鋼		高C-高Cr鋼，高Ni-高Cr鋼，高Cr鋼
	ゲージ用鋼		Mn鋼，Cr鋼，Mn-Cr-Ni鋼，Mn-Cr-W鋼，Cr-Mo-V鋼
耐食用	ステンレス鋼		高Cr鋼，高Ni-高Cr鋼
	耐酸鋼		Ni鋼，高Si鋼，高Ni-高Cr鋼
磁性用	高導磁率鋼		高Ni鋼
	永久磁石鋼		Cr鋼，W鋼，Cr-W-Co鋼，Ni-Al-Co鋼
電機用	電気鋼板		Si鋼
	非磁性鋼		高Ni鋼，高Cr-高Ni鋼，高Cr-高Mn鋼，高Ni-高Cr鋼
その他	耐熱鋼		高Cr鋼，高Ni鋼，Si-Cr鋼，Ni-Cr鋼
	不変鋼		高Ni鋼，高Ni-Co鋼，高Ni-高Co鋼

1.4 銅とその合金

銅は古くから人類に使用され，現在もなお重要な金属である。

銅は電気及び熱の伝導度が高いので，その方面に用途が広い。ただし，性質が軟らかいので，構造材料としての用途は比較的少ない。しかし，これに亜鉛，すずその他の金属を加えた黄銅や青銅などは，鉄及び鋼に比べて耐食性が大きく，しかも機械的性質もよくなるから，電気機器，銅器及び合金用として，工業上非常に重要である。

（1）銅

銅は耐食性，加工性がよく，かつ電気の伝導性がよいので，純銅として電気機器材料や電線に広く用いられている。銅に含まれる不純物には，ひ素（As），アンチモン（Sb），ビスマス（Bi），鉛（Pb）などがある。純銅地金は製法によって電気銅（Cu：99.6％以上），電解タフピッチ銅（Cu：99.9％以上，O_2：0.025〜0.04％以上），脱酸銅（Cu：99.9％以上，O_2：0.02％以下），無酸素銅（Cu：99.95％以上，O_2：0.02％以下）などがある。

銅は非磁性で熱と電気の伝導性がよい。比重は8.96で鉄より大きいが，溶融点ははるかに低くて1 083℃である。展延性に富み，容易に板，棒，線，管などに加工することができる。し

かし，導電率や加工性は微量の不純物があると著しく低下する。銅は鉄よりはるかに耐食性が高いが，空気中に湿気及び炭酸ガスがあると，その表面に緑青（ろくしょう）ができるし，清水には侵されないが，海水には弱い。物理的性質や機械的性質は銅の純度及び不純物の種類によって多少異なる。

なお，銅の代表例として電気銅とタフピッチ銅の性質について，表1－4に示す。

表1－4　電気銅とタフピッチ銅の性質

(a)　電気銅の化学成分（JIS H 2121：1961）　　（単位：％）

Cu	As	Sb	Bi	Pb	S	Fe
99.96以上	0.003以下	0.005以下	0.001以下	0.005以下	0.010以下	0.010以下

(注)　AgはCuとして取り扱う。

(b)　タフピッチ銅の機械的性質（JIS H 3100：2018　抜粋）

合金番号	質別	製品記号	引張試験 厚さの区分[mm]	引張強さ[N/mm^2]	伸び[％]	曲げ試験 厚さの区分[mm]	曲げ角度	内側半径	硬さ試験（参考）厚さの区分[mm]	ビッカース硬さ[HV]
C1100	½H	C1100P-½H C1100PS-½H	0.10以上 0.15未満	235～315	－	0.10以上 2.0以下	180°	厚さの1倍	0.20以上 20以下	75～120
			0.15以上 0.50未満		10以上					
			0.50以上 20以下	245～315	15以上					
		C1100R-½H C1100RS-½H	0.10以上 0.15未満	235～315	－				0.20以上 4.0以下	
			0.15以上 0.50未満		10以上					
			0.50以上 4.0以下	245～315	15以上					
	H	C1100P-H C1100PS-H	0.10以上 10以下	275以上	－	0.10以上 2.0以下	180°	厚さの1.5倍	0.20以上 10以下	80以上
		C1100R-H C1100RS-H	0.10以上 4.0以下						0.20以上 4.0以下	

(2) 黄　銅

銅と亜鉛（Zn）の合金を黄銅（brass）といい，これにさらに他の元素を加えたものを特殊黄銅という。

a　黄銅（65/35黄銅）

黄銅は一般に真ちゅうともいい，銅と亜鉛の合金で，銅64％，亜鉛34％程度のものが多く用いられる。パーセント導電率17.3％，引張強さ196N/mm^2，伸び20％で，主として小物類，例えば機器の部分品，ブラシ保持器，非磁性を必要とする場所，スリップリング，軸受金具などに用いられる。

b　黄銅（60/40，70/30黄銅）

一般の棒，厚板には亜鉛40％程度のもの，薄板には亜鉛30～35％程度のものが用いられ，

前者は加熱加工，後者は冷間加工によって製造される。棒状のものは主としてボルト，ナットに用いられ，板状のものは各種の部品に加工される。

　c　特殊黄銅

　黄銅の耐食性を改善し，機械的性質も向上させるために，他の元素をさらに加えたものを特殊黄銅という。黄銅としては，アドミラルティ黄銅（Zn：28％，Sn：1％）やネーバル黄銅（Zn：39％，Sn：0.75％）と呼ばれるすず入り黄銅，アルブラック（Zn：20％，Al：1.8〜3％）と呼ばれるアルミニウム入り黄銅，マンガン入り黄銅（大四黄銅にMn：2〜3％を加えたもの），けい素入り黄銅（Zn：14〜16％，Si：4〜5％），洋銀（Zn：20〜30％，Ni：14〜30％）と呼ばれるニッケル入り黄銅がある。これらは耐食性が強いので，復水器，空気冷却器，ポンプ軸などに用いられる。

（3）青　　銅

　青銅（bronze）は銅とすずとの合金で，実際にはすず約15％以下のものが使用されている。鋳造性が非常によく，耐食性も優れているのが特徴である。また，機械的性質や耐摩耗性も優れ，鋳造用銅合金の代表的なものである。銅にアルミニウム，ニッケル，鉄，マンガンなどを加えた銅合金を特殊青銅といい，鋳物用あるいは鍛錬用として，機械的性質がいっそう優れている。

　a　青銅鋳物

　これはすず10％，亜鉛4％，銅86％からなる。機械用青銅は黄銅鋳物に比較してパーセント導電率16％でいくぶん劣るが，機械的強度が大きいので，黄銅鋳物では強さ，厚さの点で不可能なブラシ保持器などの精密鋳物に用いられる。また，すず10％，銅90％に脱酸剤として微量のりんを用いたものは，引張強さ294〜539N/mm^{2}と強力なので，中・大形のスリップリング，歯車などに用いられる。

　b　りん青銅

　りん青銅（phosphor bronze）は組織の中にりん化物が細かく分散しているもので，硬さが大きく，弾性があり，耐食性もある。すず9〜10％，りん0.1〜0.3％のものは，強力で耐摩耗用金属として適当なので，歯車，軸受金物，薄板，針金などにしてばね材として用いられる。

（4）軸受合金

軸受合金として必要な性質には，次のようなものがある。
①　摩擦係数が小さいこと。
②　摩耗に耐えて変形しないこと。
③　熱の伝導が良好で，ある程度の耐食性があること。

④　鋳造しやすいこと。

　現在広く用いられている軸受材はその成分により，銅台，すず台，鉛台，亜鉛台の4種あるが，電気機器には，亜鉛台以外の3種が使用されている。

　銅台合金は青銅とりん青銅で，すず台はいわゆるすず台白メタルを主成分とし，銅3～10％，アンチモン3～15％を合金とするもので，高荷重によく耐え，粘性，じん性が強く破損しにくい。すずの量が多いほど性質がよくなるので高価ではあるが，高速度，高荷重のものに用いられる。鉛台白メタルは鉛を主成分として，すず5～20％，アンチモン10～20％で摩擦係数はすず台白メタルよりも小さいが，硬度，耐摩耗，じん性及び粘性では劣っている。しかし，安価なので広く用いられている。

1.5　軽金属と軽合金

　アルミニウム（Al，比重2.7）及びマグネシウム（Mg，比重1.7）は比重が3より小さくて軽金属と呼ばれている。軽金属は機械的強度が非常に弱いので，単金属のままでは構造材料として不適当である。しかし，これらに他の金属を加えた，いわゆる軽合金のなかには，引張強さ，伸び，曲げなど機械的性質にかなり優れたものがある。

（1）アルミニウム

　アルミニウムは，工業的にはボーキサイトを原料として，高温度で電気分解してつくられる。精錬されたアルミニウムは，純度が高く（99.99％），軽量で，電気や熱の伝導度が銅に次いでよいことも大きな特徴である。展延性に富み，板，棒，線，管，箔（はく）などに容易に加工できる（表1－5）。アルミニウムは，空中や水中ではさびにくい。それは表面にできた酸化被膜のためである。しかし，海水には腐食されやすく，塩酸，アルカリにも弱いが，硫酸や硝酸にはそれほど侵されない。ただし，これらの耐食性は，微量の不純物があると著しく低下する。アルミニウムに特別の電気処理を施して，表面にち密な硬い膜をつくり，内部を保護するようにしたものがアルマイトである。

表1－5　アルミニウムの機械的性質

	焼なまし	冷間圧延
引張強さ [N/mm^2]	46～47	108～118
降伏点 [N/mm^2]	9.8～11.8	98～108
伸び [％]	60	5
硬さ [HB]	17	27

(2) アルミニウム合金

アルミニウム合金は，鋳造用合金と鍛錬用合金に分けられるが，なかには一部その両方に適するものもある。また，熱処理をしないでそのまま使用されるものと，熱処理をして機械的性質を改善してから使用されるものとがある。いずれも軽くて機械的性質に優れているので，航空機，電気機器，車両など，その使用範囲は非常に広い。

a 鋳造用アルミニウム合金

主な鋳造用合金には合金成分によって，Al-Si（アルミニウムけい素系合金），Al-Cu（アルミニウム銅系合金），Al-Mg（アルミニウムマグネシウム系合金）などがある。

Al-Si合金はSiを10〜13％加えた合金で，鋳造性が特に優れ，耐食性も比較的よく，機械的性質も優れている。Al-Si合金にMg，Cu，Niを合金したものをローエックスと呼び，熱膨張が少なく，耐摩耗性，耐熱性に富むので，ピストンなどの耐熱鋳物として用いられる。

Al-Cu合金はCu8〜12％を含む合金で，引張強さが大きく，高い圧力にもよく耐える。内燃機関のクランクケース，ギヤボックスなどに用いられる。

Al-Mg合金はヒドロナリウムと呼び，Mg3.5〜5.5％の非熱処理形とMg10〜11％の熱処理形の二つがある。Mgの添加により耐食性，切削性が優れている。

b 鍛錬用（加工用）合金

鍛錬による成形に適する合金で，加工成形後そのままで使用するものと，熱処理をして使用するものがある。熱処理をしないものは，冷間加工によって強さを高めることができる。熱処理合金では適当な操作を行うと鋼と同じ程度の強さとなり，軽いこともあって，航空機用などに最も適した材料となる。

この系統の合金の代表的なものはジュラルミン（Al-Cu-Mg合金）である。

(3) マグネシウム合金

工業用Mgの純度は99.7〜99.9％で，比重は1.7と実用金属中最も軽く，溶融点は650℃である。構造材料として用いられるのは，Alを10％以下加えた合金か，これにさらにZnを数％加える。これらのうちエレクトロンが最も代表的な合金である。強くて切削性もよいが，海水や酸類に対する耐食性は極めて悪い。マグネシウム合金の用途は，その軽量を生かして航空機及びロケットの構造部材にはもちろん，被切削性も極めて優れていることから，各種機械の部材としてその用途が大いに広まりつつある。

第2節　合成樹脂材料

我々の身の回りには多くの合成樹脂（プラスチック）を使った製品が存在する。この節では，これらの合成樹脂の基本的な性質及びその用途を説明する。

2.1　合成樹脂製品の主な特徴

合成樹脂製品には，他の製品にみられない特徴がある。次にその長所，短所をあげる。

（1）合成樹脂製品の長所

a　電気的絶縁性に優れている

手近なところをちょっと見回しただけでも分かるように，電気のソケット，スイッチ，電気冷蔵庫の部品，電気洗濯機の部品，テレビ，ラジオの部品に使用されているが，これは，電気的絶縁性に優れているからである。

b　軽くて強い製品ができる

金属や陶磁器に比べて比重が小さく，機械的性質にも優れ，軽くて強い製品をつくることができる。特にガラス繊維を基材にすると非常に強度の高い製品ができる。

c　耐薬品性に優れている

いろいろな薬品に耐えることができるので，金属のようにさびたり，腐食したりすることがなく，また湿気やかびなどにわずらわされずに使用することができる。

d　着色が自由である

可塑性のポリエチレン系樹脂は透明性に優れているものが多いので，着色が自由にできる。

e　どのような形のものでも比較的容易につくることができる

合成樹脂成形品は，かなり複雑な形状のものでも比較的容易につくることができる。その上，一般に切断，切削，穴あけ又は磨きなどの手間をかけずに，初めから目的の製品を1工程でつくることができる。

f　大量生産が可能である

合成樹脂は，一般に加工性がよく，能率的に大量生産ができるので，製品の値段が安価となる。

(2) 合成樹脂製品の短所

a 合成樹脂は熱に弱い

これは一番大きな欠点といえる。例えば，スチロール樹脂やポリエチレンの製品に熱湯を注ぐと軟化して形が変わってしまう。熱湯に入れても変化しないものもあるが，一般に耐熱性は劣る。また，火をつけると燃えるものも多く，燃えなくとも分解して使いものにならなくなるものもある。しかし，合成樹脂を熱に強くする方法もいろいろと研究され，スチロール樹脂やポリエチレンのような樹脂でも，熱湯に入れて変形しないような耐熱性樹脂がつくられている。

b 表面が軟らかく，ほこりがつきやすい

硬いものもあるが，一般に表面が軟らかいために傷がつきやすく，また静電気を帯びるためにほこりがついて汚れが目だち，美観を損なうという欠点がある。

c 機械的強度が低い

長所のところで述べたように，機械的強度が高い合成樹脂もつくられているが，一般に，金属製品などと比較すると弱いものが多い。

d 溶剤に弱いものがある

一般に，合成樹脂製品は耐薬品性に優れているが，スチロール樹脂は酢酸エチルやアセトンに弱いというように，樹脂によって溶剤に侵されるものがある。

最近，非常にクローズアップされてきたのが，合成樹脂の廃棄物処理問題である。これは，薬品，油類，水などに腐食されない長所が，かえって廃棄物として処理する際の問題となっている。

2.2 主な合成樹脂材料の性質と用途

合成樹脂は，熱硬化性と熱可塑性の二つの群に分類される。

熱硬化性の合成樹脂は，いろいろな形に加工する場合，熱と圧力を加えて硬い製品ができるが，それに再び熱を加えても軟らかくならない性質のものである。

熱可塑性の合成樹脂は，加熱すると軟化していろいろな形に加工することができ，冷えると硬化するが，それに再び熱を加えるとまた軟らかくなる性質のものである。

したがって，熱硬化性の製品は再び形を変えることができないが，熱可塑性の製品は何回でも形を変えることができる。プラスチックの種類と特徴を表1-6に示す。

表1－6　プラスチックの種類と特徴

種類		方法	燃焼の難易	炎が去っても燃え続けるか	炎の色合	プラスチックの状態	具体的なにおいはないか	成形品の特徴
熱硬化性樹脂	フェノール樹脂		徐々に燃える	燃えない	黄色	膨れる ひび割れ	フェノール臭い	色は黒，かっ色が多い
	ユリア樹脂		燃えにくい	燃えない	黄色 端は青緑	膨れる ひび割れ 白化	ユリア，ホルマリンのにおい	美しい色が多い
	メラミン樹脂		燃えにくい	燃えない	淡黄色	膨れる ひび割れ 白化	ユリア，ホルマリンのにおい	ユリアよりつやがよい，表面は非常に硬い
	不飽和ポリエステル樹脂		燃えやすい	燃える	黄色 黒煙	わずかに膨れる ひび割れ	スチレンモノマのにおい	注型品以外はガラス繊維で補強したものが多い
熱可塑性樹脂	塩化ビニル樹脂		燃えにくい	燃えない	黄色 下端緑	軟化	塩素のにおい	軟質はゴム状，その他いろいろな硬さができる
	ポリエチレン		燃えやすい	燃える	先端黄色 下端青色	溶融落下	石油臭い	軟らかく乳白色 色物は中間色が多い
	ポリスチレン		燃えやすい	燃える	橙黄色 黒煙	軟化	スチレンモノマのにおい	たたくと金属性の音がし，また透明品が多い
	メタクリル樹脂		燃えやすい	燃える	黄色 端は青色	軟化	アクリルモノマのにおい	ガラスほど冷たくなく，折り曲げができる
	ポリアミド（ナイロン）		徐々に燃える	燃えない	先端黄色	溶融落下	特有のにおい	弾力がある
	ポリプロピレン		燃えやすい	燃える	黄色	速やかに完全に燃える	特有のにおい	乳白色

(1) 熱硬化性樹脂

この群には，フェノール樹脂，ユリア樹脂，メラミン樹脂，不飽和ポリエステル，エポキシ樹脂，ジアリルフタレート樹脂などが属する。

a　フェノール樹脂

フェノールとホルムアルデヒドとの反応により得られる樹脂で，ベークライトとも呼ばれている。もとの色はかっ（褐）色であるが，ほとんど黒く着色され，通信機部品や配線器具，プラグ，ソケット，コネクタなどの電気絶縁物としての成形品に多く使用されている。また，水，油，薬品に強く，機械的性質にも強い樹脂であるが，耐アーク性と耐湿性に乏しい。

b　ユリア（尿素）樹脂

尿素とホルムアルデヒドとの縮合により得られる樹脂である。本来は無色透明であるが，自由に色がつけられるため着色したものが多い。この樹脂は電気絶縁性，特に耐アーク性がよ

く，フェノール樹脂よりはるかに優れている。安価で成形しやすいので，その用途はラジオキャビネット，プラグ，ソケット類など，また，蛍光顔料，染料を加えると美しい輝きを増すので照明器具に適している。

c　メラミン樹脂

メラミンとホルムアルデヒドとの縮合により得られる無色で透明な樹脂である。硬くて水，油，薬品などに侵されず，熱に強く電気絶縁性に優れ，特にアーク抵抗は140秒の高い値をもつ。吸水率が少なく，吸湿時の電気絶縁性に優れているので，電気器具や配電盤などの電気絶縁物として多く使用されている。

d　不飽和ポリエステル樹脂

多塩基酸と多価アルコールとの重縮合により得られるエステル化成物を主体とした樹脂である。電気絶縁性，耐アーク性に優れ，商品にマイラーやテトロンがあり，絶縁テープ，コンデンサ，電気用がいしに使用されるほか，銅線に塗り，焼き付けることによって電線の絶縁被覆にも使用される。

e　エポキシ樹脂

エピクロルヒドリンとビスフェノール類又は多価アルコールとの反応により得られる機械的性質のよい樹脂である。電気絶縁性も非常によい。特に耐電圧，体積抵抗率が高いので，コネクタ，コイルボビンなどの電気絶縁部品のほか，液体のままで型に流し込めるため，電気部品の埋込み成形に使用される。また，最近では接着剤として多く用いられるようになった。

f　ジアリルフタレート樹脂

フタール酸とアリルアルコールの結合でつくられた樹脂である。電気的性質に優れ，寸法安定性もよく，耐薬品性にも優れているので，トランジスタ，抵抗器，電気計算機の部品，蓄電池のケース，冷蔵庫部品などに使われるほか，絶縁テープにも使用されている。

g　シリコン（けい素）樹脂

オルガノシラノールの重縮合によって得られる樹脂である。耐熱性，耐湿性がよく，電気絶縁材料として極めて優れているので，電線の被覆，絶縁クロス，塗料，パッキンなどに用いられる。

（2）熱可塑性樹脂

この群には，塩化ビニル樹脂，ポリエチレン，スチロール樹脂，メタクリル樹脂，ポリビニルホルマール，ふっ素樹脂，ポリアミド（ナイロン）などの樹脂がある。

a　塩化ビニル樹脂（ポリ塩化ビニル）

エチレンと塩素などからつくられる樹脂である。普通，透明で本来は硬い材料であるが，軟化させる成分（可塑剤）を加えると，軟らかくしなやかな製品ができる。これを軟質塩化ビニル樹脂と呼び，これに対して可塑剤を加えないものを硬質塩化ビニル樹脂と呼んでいる。現在

最も多量に使用されているもので，電気絶縁性がよく（高周波絶縁性は悪い），吸水性がなく，酸，アルカリ，油に強いという性質をもっているが，その反面耐熱性が低く，その温度は55～80℃以下である。電線の被覆，ケーブルの外被，合成樹脂電線管などに使用されている。

 b **ポリエチレン**

 エチレンを重合して得られる樹脂である。柔軟性があり，水より軽い（比重約0.92）。薬品に強く，湿気を通さない長所があり，電気絶縁性に優れ，特に高周波絶縁性に優れているので，高周波ケーブルの絶縁材料には最適である。なお，ポリエチレンに高速度電子線，γ線などを照射すると機械的強さ，耐熱性が増した架橋ポリエチレンをつくることができる。

 c **ポリスチレン**（スチロール樹脂）

 スチレンを単独に重合した樹脂である。無色透明で，価格が安く，また着色が自由で成形がしやすいので広く使われている。ただ割れやすい欠点がある。この一般スチロール樹脂（GP）は，高周波絶縁性に優れているので，高周波絶縁物として利用されるほか，誘電材料としてコンデンサにも使用されている。なお，割れにくくするために一般スチロールに合成ゴム（ブタジエン）を混入して耐衝撃ポリスチレン（HI）がつくられる。これは耐衝撃性が強いので，コピーのトナーカートリッジのケースや電気部品に多く使われている。

 d **AS樹脂**（アクリロニトリル・スチレン樹脂）

 スチロールを主成分としてアクリルニトリルとの共重合による樹脂である。少しかっ色がかっているが，普通は青色に着色されている。スチロール樹脂の欠点を補い，硬くて強い材料で，ジューサやバッテリケース，電気部品に使用されている。

 e **ABS樹脂**（アクリロニトリル・ブタジエン・スチレン樹脂）

 AS樹脂に合成ゴムを混合した樹脂である。耐薬品性，耐熱性に加え，衝撃強度を向上させたもので，なかなか割れないのが特徴で，しかも電気絶縁性に優れているので電気部品，テレビ，ラジオの部品，キャビネットなどに使われている。

 f **メタクリル樹脂**（アクリル樹脂）

 アクリル酸及び誘電体を重合することによりできる樹脂である。無色透明で，しかも硬くて落ち着いた光沢があるので，広告灯，照明器具，家庭電化製品に広く使われている。

 g **ポリビニルホルマール**

 ポリビニルアルコール水溶液にホルマリンを加え，塩酸で加熱することによってできる樹脂である。無色透明で，引張強さが強く，耐摩耗性に富んでいる。この樹脂を原料としたワニスは，エナメル線用として優れた特性をもっている。

 h **ふっ素樹脂**

 代表的なものには四ふっ化エチレンの重合物がある。これは，通常，テフロンと呼ばれ，乳白色の固体で，常温でいくらかたわみ性があり，機械的強度，耐熱性，耐薬品性が大きい。用途としては，耐熱テープや通信機器，精密測器の絶縁などに利用されるが，高価である。

なお，塩化三ふっ化エチレンには，前者に似た性質がある．加工が比較的容易なので，電線類や電気機器などの絶縁に用いられる．

　i　**ポリアミド（ナイロン）**

二塩基酸とジアミンとの縮合によってできる樹脂である．ナイロンと呼ばれ，人造繊維として広く用いられるほか，電線被覆，蓄電池のケースなどに用いられている．

　j　**ポリプロピレン**

プロピレンを重合させた熱可塑性樹脂である．汎用樹脂の中で比重が最も小さく，水に浮かぶ．汎用樹脂の中では耐熱性が高く，吸湿性がなく，耐薬品性や機械的強度にも優れている．自動車部品，家電用品，包装材料，再利用可能な様々な容器，日用品，文具，医療器具，繊維，紙幣など幅広く使われている．

第1章のまとめ

　構造材料とは，物体の構造を維持するために用いられる材料であり，力学的強度，化学的安定性などが要求される。この章では，構造材料を金属材料と合成樹脂材料とに分類し，その性質や用途を学んだ。

　金属材料は純金属と合金とに大別できる。また，金属材料を鉄系の材料と非鉄系の材料とに分類することもできる。この章では，このような金属の基本的な性質とその用途について学んだ。また，合成樹脂（プラスチック）の基本的な性質及びその用途を学んだ。

第1章 練習問題

1．文章中の（　）内に適切な語を入れて，文章を完成せよ．
　(1)　構造材料としての金属材料は鉄鋼材料と（　①　）に分類できる．この（　①　）には軽合金や貴金属及びその合金がある．
　(2)　軸受合金に必要な性質として摩擦係数が（　②　）こと，熱の伝導が（　③　）であることが要求される．
　(3)　フェノール樹脂，ポリアミド，ポリエチレンのうち，最も燃えやすいものは（　④　）である．
　(4)　アルミニウムは（　⑤　）を高温で電気分解してつくられる．

2．金属の特徴を説明せよ．

3．合成樹脂の長所と短所について説明せよ．

4．熱硬化性合成樹脂と熱可塑性合成樹脂の性質について，それぞれ説明せよ．

第2章
導電材料

　導電材料とは比較的電流を流しやすい材料であり，電流を流しにくい絶縁材料と区別されている。
　この章では，導電材料を導体材料，特殊導体材料，抵抗材料，半導体材料に分類して説明する。

第1節　導体材料

　導体材料は電流を流しやすい性質を利用した材料であり，金属で構成されていることが多い。この節では，導体材料の基本的な性質及びその用途について，電線を中心に説明する。

1.1　導体材料の一般的性質

　導体材料は，その使用目的によってそれぞれ異なった特性が要求されるので，特性そのものの意味をよく知っておく必要がある。

a　導体の電気伝導

　金属のような導体のなかには，わずかな電位差を与えただけで動き出す自由電子が存在する。導体の電気伝導は，この自由電子の移動によるものである。

b　抵抗及び抵抗率

　導体の抵抗R〔Ω〕は長さl〔m〕に比例し，断面積s〔m^2〕に反比例することから，次式で示されている。

$$R = \rho \frac{l}{s} \cdots\cdots\cdots\cdots\cdots\cdots\cdots\cdots\cdots\cdots\cdots\cdots\cdots\cdots\cdots (2-1)$$

ρは物質の固有係数で，抵抗率又は体積抵抗率と呼ばれ，単位は〔Ω・m〕で表される。

　ただし，導体の抵抗率は一般に小さいので，抵抗率を断面積1cm^2，長さ1cmの立方体で表すこともある。このときの単位は〔Ω・cm〕となる。

　なお，直径1.6mmの軟銅電線の長さ120mの抵抗は約1.0[1]Ωである。

c　抵抗の温度係数

　導体の抵抗は温度によって変化する。金属では一般に温度の上昇とともに増加するが，非金属では減少する。この変化の割合を抵抗の温度係数といい，温度t℃における抵抗R_tは実用上次の式で表される。

$$R_t = R_{t0} \{1 + \alpha_{t0}(t - t_0)\} \cdots\cdots\cdots\cdots\cdots\cdots\cdots\cdots\cdots (2-2)$$

　　　　R_{t0}は温度t_0℃における抵抗
　　　　α_{t0}は温度t_0℃を基準にしたときの抵抗の温度係数

---

(1)　電線の抵抗は$R = \rho \frac{l}{s}$〔Ω〕で求められる。
　　ただし，$s = \pi r^2 = 3.14 \times 0.8 \times 0.8 \fallingdotseq 2.0$mm^2
　　　　　　$l = 120$m
　　　　　　$\rho = 1.72 \times 10^{-8}$Ω・m $\fallingdotseq 0.0172$Ω mm^2/m
　　したがって，$R = 1.72 \times 10^{-2}$mm^2/m $\times \frac{120\text{m}}{2.0\text{mm}^2} \fallingdotseq 1.03$Ω

d 導電率

図2−1は導体材料，半導体材料及び絶縁材料それぞれの導電率や抵抗率の範囲について，概略を示したものである。

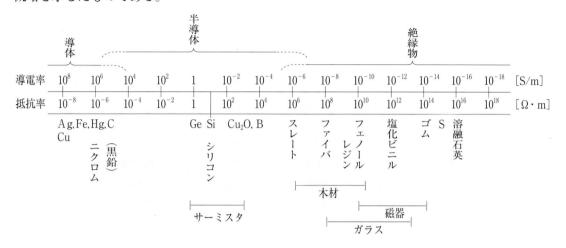

図2−1 導体，半導体，絶縁物と導電率（室温）の関係

導電率は抵抗率の逆数で，導体の電導度を意味し，単位は〔S/m〕[(2)]で表される。

また，各種の導体の電導度を比較した値をパーセント導電率といい，その基準は1913年国際電気標準会議（IEC）で定めた標準軟銅を100としたものである。

1.2 導体材料に必要な条件

導体材料は電流を導くことが目的であり，電流を流した場合に電圧降下や電力損失が小さくなければならない。このため，次のような条件が必要とされる。
① 抵抗率の小さいこと，言い換えればパーセント導電率の大きいこと。
② 多量に入手でき，価格が安いこと。
③ 加工しやすいこと，接続しやすいこと。
④ 耐食性が大きいこと。
⑤ たわみ性がよく，引張強さが大きいこと。

1.3 主な導体材料の素材

導体材料として最も多く使用されるのは銅であり，その次に銅合金，アルミニウム，アルミ

---

(2) 〔S/m〕＝〔ジーメンス/m〕

表2－1　各種金属の特性

金属		抵抗率 (20℃) [Ω・m] $\times 10^{-8}$	パーセント 導電率 (20℃)	抵抗の温度係数 (20℃付近で1℃ につき)
銀	Ag	1.62	106	0.003 8
銅	Cu	1.72	100	0.003 93
金	Au	2.4	71.6	0.003 4
アルミニウム	Al	2.82	61	0.003 9
タングステン	W	5.48	31.4	0.004 5
亜鉛	Zn	6.1	28.2	0.003 7
ニッケル	Ni	6.9	24.9	0.006
カドミウム	Cd	7.5	22.9	0.003 8
鉄	Fe	10.0	17.2	0.005
白金	Pt	10.5	16.4	0.003
すず	Sn	11.4	15.1	0.004 2
鉛	Pb	21.9	7.9	0.003 9
水銀	Hg	95.8	1.8	0.008 9

ニウム合金，鉄である。各種金属の電気的諸特性を表2－1に示す。

(1) 銅

　導体材料に用いられる銅は電気分解によってつくられる電気銅であり，純度が高く，99.8％が標準である。電気銅は常温で圧延あるいは伸延すると硬質となり，半硬銅や硬銅ができる。これを450～600℃で焼きなますと軟銅となる。軟銅は硬銅より導電率と伸びは大きく，引張強さと硬度は小さい。

　国際標準軟銅の性質は，次のように定められている（表2－2）。

① 抵抗率は20℃において1.7241×10^{-8} Ω・m

② 密度は20℃において8.89×10^{3} kg/m^3

③ 温度係数は20℃において1℃につき1/254.5＝0.003 93（0℃では1/234.5＝0.004 264）

表2-2 銅線の性質

	国際標準軟銅	軟 銅 線	硬 銅 線
パーセント導電率	100	101～97	98～96
抵抗率（20℃）[Ω・m]×10^{-8}	1.724 1	1.707 0～1.777 4	1.759 3～1.795 8
密　度（20℃）[kg/m^3]×10^3		8.89	
温度係数（20℃）	0.003 93	0.003 97～0.003 81	0.003 85～0.003 77
引張強さ [N/mm^2]	――	245～289	333～470
伸　び [％] $l=250$ mm	――	20～40	0.5～4
溶融点 [℃]		1 083	
比　熱		0.093 9	
線膨張係数		17×10^{-6}	

（2）銅 合 金

銅合金は純銅よりも機械的性質をよくすることを目的としてつくられるが，図2-2に示すように，他の金属の含有率が高くなるにつれていずれも導電率が低下する。

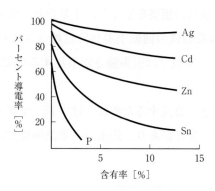

図2-2　銅合金の導電率

a　銅カドミウム合金

銅にカドミウム（Cd）を1.2～1.4％加えたものが銅カドミウム合金で，引張強さは441～637N/mm^2，パーセント導電率は85～95％で，耐食性，耐摩耗性に優れているため，径間の長い送電線，通信線，空中線，架空トロリ線，アンテナなどに用いられる。

b　銅すず合金（けい銅線）

銅にすず（Sn）を1.5％以下，けい素（Si）を0.02～0.52％加えたもので，引張強さは441～686N/mm^2，パーセント導電率は40～50％で，径間の長い架空トロリ線に用いられる。

c　銅ニッケルけい素合金（コルソン合金）

銅にけい化ニッケル（Ni$_2$Si）を3～4％加えたものである。引張強さは735～931N/mm^2，パーセント導電率は25～45％で，高温でも引張強さが変わらず，耐食性もよく，海水にも強

い。バインド線，送電線，通信線，架空トロリ線などに用いられる。

d 銅ベリリウム合金

銅にベリリウム（Be）を約2％加えたものである。パーセント導電率は25％で，引張強さが1 274N/mm^{2}にも達する。弾性が大きく，高温（350℃くらい）になっても変化せず，耐食性，耐摩耗性や強さ，硬さの点でも優れているが，高価である。この合金は，腐食を受けやすい場所の架空トロリ線，電話線に用いられるほか，計器類の軸受，ばね，スイッチの接触部などにも用いられる。

e 銅銀合金

銀（Ag）を3～5％加えたものである。引張強さが686～980N/mm^2，パーセント導電率は70～90％である。このように導電率，引張強さが大きいので，通信線，リード線に用いられるほか，真空管の陽極，回転機の整流子片にも用いられる。

（3）アルミニウム及びその合金

アルミニウムは銅に次ぐ導電率（61％）をもち，比重は銅の約1/3，引張強さは約1/2.5である。近年銅不足を補い，製品の価格を安くし，重量を軽くするために，銅の代替品として送電線，変圧器，かご形誘導電動機の回転子導体，母線（ブスバー）などに用いられる。なお，送電線には，アルミニウム単独では引張強さが不足するので，他の金属線（例えば鋼線）で補強して用いることが多い。

アルミニウム合金は引張強さを改良するために，けい素，マグネシウム，鉄などを加えたもので，イ号合金（アルドライ）などがあり，送電線，電話線などに用いられる。

1.4 電　　　線

（1）単線とより線

電線は構造上単線とより線に区分される。単線は，切断面が円形のものが普通だが，異形のものもある。単線をより合わせたものがより線であり，より線を構成する単線を特に素線という。より線には次のような種類がある。

a 同心より線

このより線は最も広く使用されるもので，1本又は数本の素線を中心に，周囲に，他の素線を一層，又は数層，より合わせたものである。普通，1本を中心として，その周囲に各層6本の倍数ずつ増加する構成の7本，19本，37本，61本よりなどが最も多く用いられる（図2－3）。

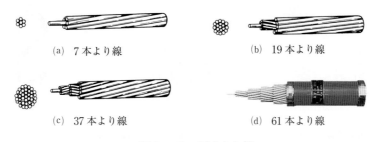

(a) 7本より線　　(b) 19本より線

(c) 37本より線　　(d) 61本より線

図2-3　同心より線

b　集合より線
素線の所要数を同時に束ねて同じ方向により合わせたものである。これはコードなどのように，細い素線を多数より合わせたもので，可とう性に富むより線である（図2-4(a)）。

c　複合より線
集合より線をさらにより合わせたものである（図2-4(b)）。

(a) 集合より線　　(b) 複合より線

図2-4　集合・複合より線

d　圧縮より線
より線は丸い素線をより合わせるため，素線相互間にすき間ができるので，素線をより合わせると同時に圧縮して，素線相互間のすき間をなくし，実際に電流が通る断面積を減少させずに仕上がり外径を小さくしたもので，太いケーブルやアルミ線に多く用いられる（図2-5）。

e　圧縮成形より線
太いケーブルなどで線心同士のすき間をなくして細く仕上げるために，半円形や扇形に成形したものを圧縮加工したものである（図2-6）。

f　SよりとZより
素線をより合わせる方向には，SよりとZよりがある。より線の断面を見て自分に向かってくる素線のよりが右回りのものをSより，左回りのものをZよりと呼ぶ。同心より線は各層の素線を交互に逆方向になるようにより合わせてあるが，電線に使う同心より線は，我が国では最外層がSよりと決められている。より方向を図2-7に示す。

  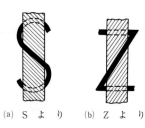

図2−5　円形圧縮より線　　　図2−6　圧縮成形より線　　　図2−7　より方向

（2）太さの表し方

単線は，その直径を［mm］で表す。より線は，断面積を［mm^2］で表し，さらに，これを構成する素線の本数と直径とが指定される。この場合の断面積は，実際の断面積（計算断面積という）に近似の数値を公称断面積として表示する。例えば，公称断面積が38 mm^{2}の同心より線は，より線構成が7/2.6〔素線数（本）/素線直径［mm］で表す〕で，その計算断面積は37.16 mm^{2}である。

（3）はだか（裸）電線

a　硬銅線と軟銅線

銅線には硬銅線と軟銅線がある。硬銅線は，引張強さがだいたい333〜470 N/mm^{2}以上（線径が小さいほど強い）あるので，抗張力を必要とする架空配電線などに使用される。軟銅線は，引張強さが245〜274 N/mm^{2}以下であるので，屋内用の絶縁電線，ケーブル，コードなどの導体に使用される。なお，特にすずめっきをしたものは，すずめっき銅線と呼ばれ，ゴム絶縁電線などに使用される。

b　アルミ電線

電線として用いられるアルミニウム線は，通常，硬アルミ線と半硬アルミ線で，導電率は銅の約61％である。硬アルミ線は，引張強さは147〜176 N/mm^{2}で，はだか電線や絶縁電線として配電線などに使用される。半硬アルミ線は，引張強さは98〜147 N/mm^{2}で，絶縁電線やケーブルの線心として使用される。

また，引張強さを大きくしたものに，イ号アルミ合金線，鋼心アルミ線，鋼心イ号アルミ合金線がある。イ号アルミ合金線は，けい素，マグネシウムを適当量加え，熱処理を行い，引張強さを著しく向上させたもので，パーセント導電率は銅の55％，引張強さは約363 N/mm^{2}で，架空送配電線，通信線などに広く用いられる。鋼心アルミ線（ACSRと呼ばれる），鋼心イ号アルミ合金線は，引張強さを補うために，硬アルミ線又はイ号アルミ合金線のより線の中央に鋼より線を介在させたもので，高電圧の送電線に用いられる。

このほか，熱に強い耐熱アルミ合金線がある。耐熱アルミ合金線は，硬アルミ線が150℃で

引張強さが7～8％低下するのに対し，ほとんど変わらない。一方，耐熱アルミ合金線のパーセント導電率は57％とやや硬アルミ線に劣るが，高温まで使用可能なので，電流容量を大きくすることができる。

また，電線の材料別性質について表2－3に示す。

表2－3　電線の材料別性質

種　類	引張強さ [N/mm^2]	パーセント導電率
軟銅線	245～274	97～99
すずめっき軟銅線	255～274	93～97
硬銅線	333～470	96～97
けい銅線	519～598 559～657	50 45
カドミウム銅線	500～608	85
銅覆鋼線	745～980	40
銅チタニウム合金線	686～755 784～843	45 40
硬アルミ線	147～176	60
アルミ合金線 （7号アルミ合金線）	308.7～363 (308.7)	48～54 (54)
亜鉛すず鉄線	343	13

1.5　絶縁電線

絶縁電線は，導体，絶縁体，保護被覆材料によって構成されている。

絶縁の方法によっては絶縁体と保護被覆が同一材料で構成される場合もあるが，絶縁方法は，一般的に次の3種に区別することができる。

① 導体を繊維質で被覆した電線
② 導体表面に樹脂を焼き付けた電線
③ 導体をゴム又は合成樹脂で被覆絶縁した電線

①の絶縁電線は絹，綿，ガラス繊維などを導体に巻き付けた電線のため，絶縁物に吸湿性があることから，絶縁性を保つために，絶縁コンパウンドを含浸させて吸湿を防ぐ方法がとられている。

②の絶縁電線はエナメル，ホルマール，ポリウレタン樹脂などの絶縁性の大きい樹脂を焼き付けたもので，湿気の影響が少なく，絶縁する皮膜が薄いため，占積率がよい。

③の絶縁電線は吸湿性がほとんどなく，絶縁性が極めてよく，水中においても使用することができる。

ここでは主な絶縁電線について説明する。

（1）綿巻銅線，絹巻銅線

軟銅線に絹糸，綿糸を一重，二重，三重に巻き付けた（二重，三重の場合は各層を反対方向に巻く）ものである。絹巻銅線は通信機器用，綿巻銅線はA種電気機器用に用いられる。これらの巻線は，後に述べる合成樹脂焼付け銅線の出現によりあまり使用されなくなった。また，絹及び綿巻銅線の記号は表2－4のように表される。

表2－4　綿巻銅線及び絹巻銅線

S C C	一重綿巻銅線	S S C	一重絹巻銅線
D C C	二重綿巻銅線	D S C	二重絹巻銅線

表2－4はJIS C 3204：1988に準拠している。

（2）ガラス巻銅線（JIS C 3215－0－4：2014, JIS C 3215－0－6，－31，－32，－48，－49：2017），ポリエステルガラス巻銅線

軟銅線にガラス糸，ポリエステル糸（テトロン糸）を一重，二重に巻き付け，それに耐熱絶縁塗料（アルキッド樹脂，シリコン樹脂など）を焼き付けしたもので，最近の大形機器に広く用いられる。また，ポリエステルガラス巻平角銅線は占積率がよく，機械的強度もよいので，ガラス巻銅線に代わって広く用いられるようになった。この種の巻線の記号は表2－5のように表される。

なお，表中のB種はアルキッド樹脂を焼き付けたもので，最高130℃に耐え，H種はシリコン樹脂を焼き付けたもので，最高180℃に耐えることを意味する。

表2－5　ガラス巻銅線

種　類	記　号	参　考
一重ガラス巻銅線［130℃］	B　SGC	許容最高温度　130℃
二重ガラス巻銅線［130℃］	B　DGC	許容最高温度　130℃
一重ガラス巻銅線［155℃］	F　SGC	許容最高温度　155℃
二重ガラス巻銅線［155℃］	F　DGC	許容最高温度　155℃
一重ガラス巻銅線［180℃］	H　SGC	許容最高温度　180℃
二重ガラス巻銅線［180℃］	H　DGC	許容最高温度　180℃

表2－5はJIS C 3204：1988に準拠している。ただし，現在JIS C 3204はJIS C 3215－0－4：2014, JIS C 3215－0－6，－31，－32，－48，－49：2017に移行している。

（3）エナメル銅線（JIS C 3215－0－1～－0－4：2014）

軟銅丸線の表面に加熱乾燥油ワニスを塗り，焼き付けたものである。絶縁皮膜の厚さが薄い（0.008～0.035mm）にもかかわらず，絶縁破壊電圧が高く，酸，アルカリ，油に強く，耐熱性がよい。欠点としては皮膜が機械的に弱く，小さな穴（ピンホール）を生じやすいことである。

エナメル銅線には1種（被覆の厚いもの）と2種（被覆の薄いもの）がある。1種エナメル銅線（導体径が0.3～1.0mm）は主に強電関係のコイルに，2種エナメル銅線（導体径が0.025～1.0mm）は主に弱電関係のコイルに用いられる。1種は1EW，2種は2EWの記号で表される。

なお，エナメル銅線の上に，絹，綿を巻いたエナメル絹巻銅線，エナメル綿巻銅線もある。
記号例：エナメル一重絹巻銅線：ESSC。

（4）ホルマール銅線，ポリエステル銅線（JIS C 3215-1～-54）

軟銅丸線に合成樹脂のポリビニルホルマールやポリエステルを塗り，焼き付けたものである（平角線のものもある）。エナメル線よりも皮膜が強固で耐熱性がよく，ホルマール銅線は特に耐薬品性に優れている。ただしポリエステル銅線はアルカリに弱い欠点がある。種類はエナメル銅線と同じであるが，1種，2種の皮膜厚さのほか，1種よりも約50％厚い0種がある。ホルマール銅線はA種機器に，ポリエステル銅線はE種，B種機器のコイルに，これまでの絹，綿巻銅線，エナメル銅線に代わって広く用いられ，機器の小形化，出力の増大に役立っている。この種の巻線の記号は表2-6のように表される。

表2-6　ホルマール銅線，ポリエステル銅線の記号

ホルマール銅線	0 種	0 PVF
	1 種	1 PVF
	2 種	2 PVF
ポリエステル銅線	0 種	0 PEW
	1 種	1 PEW
	2 種	2 PEW

（5）ポリウレタン銅線

軟銅丸線にポリウレタン樹脂を焼き付けたものでE種用として用いられる。エナメル銅線と同じ1種と2種の皮膜の厚さのほかに，特に皮膜の厚さの薄い3種がある。記号はそれぞれ1VEW・2VEW・3VEWである。この絶縁電線は着色ができ，しかも皮膜をとらなくてもはんだ付けができる特徴をもっている。

（6）紙巻銅線

平角銅線に絶縁紙を数枚～10数枚横巻きしたもので，主として大形の変圧器の巻線に用いられる。

(7) 口 出 線（リード線）

回転機や変圧器においては，コイルに用いられる絶縁電線をそのまま外部に出したり，端子に接続したりすることは行わず，口出線（リード線）につなぎ替えて外部配線に接続する。したがって，次のような条件が必要となる。

① 機器内部で厳しい曲げを受けることがあるので，可とう性のよいこと。
② 耐熱性のよいこと。
③ 口出線の端末処理が段むきしないで使用されることも多いので，表面抵抗の高いこと。
④ 油，酸，アルカリ，オゾンなどに強いこと。

このために天然ゴム絶縁口出線に代わって，合成ゴムや合成樹脂を用いたブチルゴム絶縁口出線，シリコンゴム絶縁口出線，ビニル絶縁口出線などが多く用いられている。また，600 V，1 500 V，3 kV，6 kV，10 kV 用などがある（表2－7）。

表2－7 口 出 線

		600 Vビニル口出線		1 500 Vブチルゴム口出線		3 kVシリコンゴム口出線	
		標準仕上がり外径 [mm]	許容電流 [A]	標準仕上がり外径 [mm]	許容電流 [A]	標準仕上がり外径 [mm]	許容電流 [A]
公称断面積 [mm²]	100	20.0	243	23.8	355	23.6	304
	80	18.3	209	20.7	300	21.9	262
	60	16.1	177	18.9	250	20.1	217
	50	14.8	155	17.6	220	18.8	190
	38	13.5	132	16.3	185	16.3	163
	30	12.1	113	15.3	160	15.3	141
	22	11.0	94	14.2	130	14.2	117
	14	8.5	72	11.6	97	12.1	86
	8	7.3	50	9.4	67	10.9	60
	5.5	6.3	40	8.8	54	10.3	48
	3.5	5.7	30	8.2	42	9.7	37
	2.0	5.0	22	7.5	29	9.0	26
最高許容温度 [℃]		60		80		180	
周囲温度 [℃]		40		40		140	

（注） 周囲温度が高い場合や，多数の口出線が密接しておかれる場合，許容電流は低下する。

(8) 配電用絶縁電線及びケーブル

a　600Vビニル絶縁電線（略称　ビニル電線，記号　IV，アルミ線はAl-IV）

導体には銅線（普通は軟銅線），硬アルミ線，半硬アルミ線の単線，又はより線を使用し，その上に塩化ビニル樹脂を主体とした混合物（以下ビニルという）を規定の厚さに被覆したも

のである。ビニルはゴムのように銅に対して有害な作用がないので、導体にはすずめっき銅線を用いる必要はない。しかし、太いより線は電線接続のとき、はんだ付けを容易にするため、すずめっき銅線が用いられている。

また、ビニルはゴム混合物に比べて、耐油性、耐燃性、耐水性、耐薬品性も著しく優秀であり、初期の絶縁抵抗は低いが、経年による絶縁低下は少ない。ただ温度があまり高くなると軟化し、絶縁抵抗が急に低下する性質をもっている（図２－８）。一般のものは周囲温度60℃以下で使用しなければならないが、耐熱ビニル（HIV）と称して75～105℃に耐えるものもある。

この電線は低圧屋内配線、低圧屋側配線などのがいし引き工事、電線管工事、線ぴ工事などに広く使用されるもので、断面積100 mm²以下のものは「電気用品安全法」の適用を受ける。表２－８に単線とより線の性質を示す。

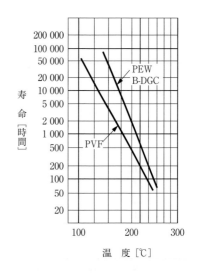

図２－８　絶縁電線の温度と寿命

b　EM電線（エコマテリアル電線）

この電線は、燃焼時にダイオキシンや塩化水素などの有害物質を発生させない、環境に配慮した電線として、日本電線工業会規格に規定された。

さらに、JIS C 0303：2000「構内電気設備の配線用図記号」のなかに電線の記号として規定された（表２－９）。

EM電線の特徴は、従来のビニル電線やケーブルと外径、重量、許容曲げ径などはほぼ同等である。

可とう性は従来のケーブルと比較して、やや硬めであるが、耐燃性ポリエチレン絶縁電線EM-IEの許容電流は、絶縁物の最高許容温度が75℃と高く、ビニル絶縁電線（IV）の許容温度の約1.2倍である。

したがって、今後はIV電線やVVFケーブルなどに代わって、EM電線が使用されることになるだろう。

c　屋外用ビニル絶縁電線（略称　OW電線、記号　OW）

導体には硬銅線の単線又はより線、硬アルミ圧縮より線又は鋼心アルミ圧縮より線を使用し、その上にビニルを規定の厚さ（600Vビニル絶縁電線の約50～70％の厚さ）に被覆したものである（アルミ線の場合は一般には鋼心アルミ線が用いられる）。この電線は、低圧架空電線路などに使用され、「電気用品安全法」の適用を受け、また日本工業規格（JIS）にも定められている。

表2－8　屋内配線用絶縁電線

(a) 単線

導体 直径 [mm]	600 Vビニル絶縁電線		600 Vゴム絶縁電線	
	仕上がり外径 [mm]	概算重量 [kg/km]	仕上がり外径 [mm]	概算重量 [kg/km]
4.0	6.8	144	7.8	161
3.2	5.6	94	7.0	112
2.6	4.6	63	6.0	81
2.0	3.6	38	5.4	56
1.6	3.2	26	5.0	42
1.2	2.8	17	4.6	32
1.0	2.6	13	4.4	27

(b) より線

導体		600 Vゴム絶縁電線			600 Vビニル絶縁電線	
公称断面積 [mm^2]	素線数／ 素線直径 [mm]	仕上がり 外径 [mm]	概算重量 [kg/km]		仕上がり 外径 [mm]	概算重量 [kg/km]
			銅	アルミニウム		
250	61/2.3	25.5	2 580	985	28.7	2 830
200	37/2.6	23.0	2 020	785	26.0	2 240
150	37/2.3	20.5	1 600	630	22.7	1 730
125	19/2.9	18.9	1 300	535	21.1	1 450
100	19/2.6	17.0	1070	430	19.6	1 200
80	19/2.3	15.5	849	350	16.9	914
60	19/2.0	13.6	648	270	15.4	718
50	19/1.8	12.6	536	230	14.4	601
38	7/2.6	11.4	428	195	12.4	460
30	7/2.3	10.1	333	－	11.5	370
22	7/2.0	9.2	261	125	10.6	300
14	7/1.6	7.6	170	－	8.6	189
8	7/1.2	6.0	101	－	7.4	122
5.5	7/1.0	5.0	69	－	6.4	88
3.5	7/0.8	4.0	44	－	5.8	65
2.0	7/0.6	3.4	28	－	5.2	46
1.25	7/0.45	3.0	18	－	4.8	34
0.9	7/0.4	2.8	16	－	4.6	30

表2－9　EM電線の記号と名称（JIS C 0303：2000 抜粋）

記号	名称
EM-IE	600 V耐燃性ポリエチレン絶縁電線
EM-IC	600 V耐燃性架橋ポリエチレン絶縁電線
EM-CE	600 V架橋ポリエチレン絶縁耐燃性ポリエチレンシースケーブル
EM-EE	600 Vポリエチレン絶縁耐燃性ポリエチレンシースケーブル
EM-EEF	600 Vポリエチレン絶縁耐燃性ポリエチレンシースケーブル平形
EM-CCE	制御用架橋ポリエチレン絶縁耐燃性ポリエチレンシースケーブル
EM-CEE	制御用ポリエチレン絶縁耐燃性ポリエチレンシースケーブル

d　引込み用ビニル絶縁電線（略称　DV電線，記号　DV）

この電線には，より合わせ形，平形及び巻付け形がある。より合わせ形（アルミ線のものはAl-DV）は，導体には硬銅線（公称断面積22mm²以上のものは軟銅線）の単線又はより線，硬アルミ圧縮より線を使用し，その上にビニルを規定の厚さに被覆したものを2条又は3条より合わせたものである。平形は，硬銅単線を2条又は3条を適当な間隔に並列に配列したものに，ビニルを規定の厚さに被覆したものである。また，巻付け形（ACSR-DV）は，1条の鋼心アルミ圧縮より線の上にビニルを規定の厚さに被覆した線心の周りに，硬アルミ単線又は硬アルミ圧縮より線の上にビニルを規定の厚さに被覆した線心を1条又は2条，右巻きに巻き付けたものである。この電線は「電気用品安全法」の適用を受け，使用範囲は低圧架空引込線，低圧屋外照明用架空電線などに限られる。

e　多心型電線

1条の絶縁被覆のない硬銅線（より線を含む）又は鋼心アルミより線の周囲に，硬銅線，半硬アルミ線又は硬アルミ線（それぞれより線を含む）の導体の上にビニル，ポリエチレン又はエチレンプロピレンゴムを規定の厚さに被覆した線心を，1条又は2条，ら旋状に巻き付けた構造のものである。巻付け形のDV線に似ているが，1線心がはだか（裸）なので，引込み用には使用できず，300V以下の低圧架空電線にのみ使用される（図2－9）。

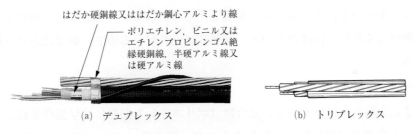

図2－9　多心型電線

f　接地用ビニル絶縁電線（記号　GV）

600Vビニル絶縁電線を線心とし，これに外層被覆として2mm（直径5mmと断面積22mm²のものは2.2mm）の厚さにビニルを被覆したもので，主として接地工事に使用される（図2－10）。

g　600Vゴム絶縁電線（略称　ゴム電線又は4種線，記号　RB）

導体には，普通すずめっき軟銅線の単線又はより線を使用し，その上に純ゴム（炭化水素）30％以上を含むゴム混合物を規定の厚さに被覆し，ゴム引き布テープ又は紙テープを重ね巻きして加硫を行い，この上に木綿編組をした後，赤色絶縁性耐水コンパウンド（混和物）を染み込ませたものである。この電線は600Vビニル絶縁電線と同様に用いられ，断面積100mm²以下のものは「電気用品安全法」の適用を受ける（図2－11）。

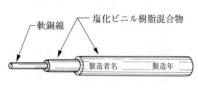
図2-10 接地用ビニル絶縁電線

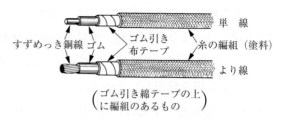
図2-11 600Vゴム絶縁電線

このほかに，スチレン・ブタジエン系合成ゴム（SBR）を主体とした混合物を600Vゴム絶縁電線のゴム混合物の代わりに用いた600V SBR絶縁電線がある。この電線の最高許容温度は75℃（600Vゴム絶縁電線の最高許容温度は60℃）である。ゴム絶縁電線と区別できるように編組の下に青糸が1本添えられている。

　h　600Vポリエチレン絶縁電線（記号　IE）

　すずめっきをしない軟銅線又はアルミ線の単線又はより線の上に，規定の厚さにポリエチレン又は架橋ポリエチレンを被覆したものである。ポリエチレンは一般に耐熱性に劣り，かつ燃えやすい欠点があるが，耐薬品性に優れているので，耐薬品性が生かせる場所に使用され，断面積100mm^{2}以下のものは「電気用品安全法」の適用を受ける。

　i　600Vけい素ゴム絶縁電線（記号　KGB）

　すずめっき軟銅線の上にけい素ゴムを被覆し，その上にガラス繊維の二重編組を施し，これにけい素樹脂ワニスを焼き付けたもので，耐熱性に優れているので，炉又はボイラ周辺の配線に用いられる。

　j　ハイパロン絶縁電線

　すずめっき軟銅線の上にハイパロン混合物（ポリエチレン樹脂に化学処理を施したもの）で被覆し，その上にガラス繊維編組を施したもので，耐熱性（100～200℃）に優れ，耐熱線としてはけい素ゴム絶縁電線より安価である。この電線は，炉又はボイラの周辺の配線，電熱器用のコード又は耐熱電気機器用口出線として用いられる（図2-12）。

　k　高圧引下げ用絶縁電線（記号　PD）

　導体には，軟銅線の単線（2.0～3.2mm）又はより線（5.5mm^{2}と8mm^2）を使用する。絶縁材料の種類としては，天然ゴムを規定の厚さに被覆し，その上にクロロプレンで外装を施したゴム絶縁クロロプレンシース高圧引下げ線，ブチルゴムを規定の厚さに被覆したブチルゴム絶縁高圧引下げ線，架橋ポリエチレンを規定の厚さに被覆した架橋ポリエチレン絶縁高圧引下げ線がある（図2-13）。この電線は，変圧器の高圧側引下げ線，高圧屋内配線用として用いられる。定格電圧は3.3kVと6.6kVがある。

　l　高圧絶縁電線（記号　OE，OC）

　導体には，硬銅線の単線（5mm）又はより線（22～100mm^2）を使用し，その上にポリエ

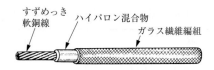

図2-12 ハイパロン絶縁電線

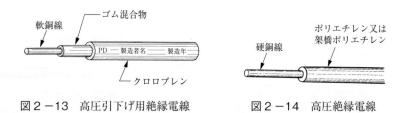

図2-13 高圧引下げ用絶縁電線　　図2-14 高圧絶縁電線

チレン又は架橋ポリエチレンを規定の厚さに被覆したものである（図2-14）。この電線は主に屋外での使用を目的としたものであるが，高圧屋内がいし引き工事にも用いられる。定格電圧は6.6kVである。

m　高圧縁回し用電線，高圧屋内配線用電線

導体には，軟銅又は硬銅より線を使用し，その上にブチルゴム混合物（一般に半導電層を設ける）を規定の厚さに被覆したものに，ゴム引き布テープを重ね巻きして加硫し，クロロプレン混合物の外装を施したものである。この電線は，高圧架空電線路の縁回し線（硬銅），高圧終端箱のリード線，キュービクル式高圧受電設備内高圧配線に用いられる。定格電圧は6.6kVである。

n　蛍光灯電線（記号　FL）

導体には，公称断面積が0.75mm^2（30／0.18）の軟銅より線を使用し，その上にビニルを厚さ1.6mmに被覆したものである。この電線は，使用電圧が1000V以下の管灯回路の配線に用いられる。

o　ネオン電線

導体には，公称断面積が2.0mm^2（19／0.35）の軟銅より線を使用し，その上に規定の厚さの絶縁体と外装で被覆したものである。この電線は，使用電圧が1000Vを超える管灯回路の配線に用いられる。

表2−10①　絶縁電線の構造と使用場所（例）

絶縁電線	構造	摘要	主な使用場所及び構造図
600 V耐燃性ポリエチレン絶縁電線 （記号600 V IE/F）	軟銅線に耐燃性の被覆をしたもの。単線とより線がある。	定格：600 V EM = Eco-Material 　I ＝ Indoor 　E ＝ポリエチレン系材料 単線：0.8〜5.0 mm より線：0.9〜500 mm²	屋内，配電盤等
600 Vビニル絶縁電線 （記号　IV）	軟銅線にビニルを被覆したもの。単線とより線がある。	定格：600 V I ＝ Indoor V ＝ PVC 単線：0.8〜5.0 mm より線：0.9〜500 mm²	屋内，配電盤等
600 V 2種ビニル絶縁電線 （記号　HIV）	軟銅線に耐熱ビニルを被覆したもの。単線とより線がある。	定格：600 V H ＝ Heat-Resistant 単線：0.8〜5.0 mm より線：0.9〜500 mm²	屋内，配電盤等
屋外用ビニル絶縁電線 （記号 　OW 　ACSR-OW）	硬銅線にビニルを被覆したもの。単線とより線がある。	O ＝ Outdoor W ＝ Weather-proof 単線：2.0〜5.0 mm より線：14〜100 mm²	屋外 OW ACSR-OW
引込み用ビニル絶縁電線 （記号　DV 　　　　DVF 　　　　DVR）	軟銅線又は硬銅線にビニルを被覆したもの。単線とより線がある。形状は2個より，3個より，平形がある。	定格：600 V D ＝ Drop Wire V ＝ PVC F ＝ Flat 単線：2.0〜3.2 mm より線：8〜60 mm²	屋外［引込み］ 3個より
屋外用ポリエチレン絶縁電線 （記号 　OE 　ACSR-OE）	硬銅線にポリエチレンを被覆したもの。	定格：6 600 V O ＝ Outdoor E ＝ Polyethylene 単線：5 mm より線：22〜200 mm² 電力用に規定されている。	屋外 OE ACSR-OE

表2-10② 絶縁電線の構造と使用場所（例）

絶縁電線	構　造	摘　要	主な使用場所及び構造図
屋外用架橋ポリエチレン絶縁電線 （記号 　OC 　ACSR-OC）	硬銅線に架橋ポリエチレンを被覆したもの。	定格：6 600 V C = Crosslinked 　　 Polyethylene 単線：5 mm より線：22〜200 mm^2 電力用に規定されている。 また11 000〜33 000 V用OCもある。	屋外 OC（導体、セパレータテープ、架橋ポリエチレン絶縁体、6600V OC、製造者名、製造年） ACSR-OC（導体（ACSR）、セパレータテープ、架橋ポリエチレン絶縁体、6600V ACSR-OC、製造者名、製造年）
高圧引下げ用架橋ポリエチレン絶縁電線 （記号　PDC） 高圧引下げ用EPゴム絶縁電線 （記号　PDP）	PDC 軟銅線に架橋ポリエチレンを被覆したもの。 PDP すずめっき軟銅線にエチレンプロピレンゴム（EPゴム）を被覆したもの。	P = Pole Trans-former D = Drop Wire C = Crosslinked 　　 Polyethylene P = Ethylene 　　 Propylene 　　 Rubber 単線：2.0〜3.2 mm より線：5.5〜30 mm^2	屋外（高圧引下げ用） PDC（導体、セパレータテープ、架橋ポリエチレン絶縁体、6600V PDC、製造者名、製造年） PDP（セパレータテープ（必要に応じて）、導体、EPゴム絶縁体、6600V PDC、製造者名、製造年）

（9）ケーブル

a　ビニル外装ケーブル

絶縁体の種類により一般に次のものがあり，導体の断面積100 mm^{2}以下，線心が7本以下のものは「電気用品安全法」の適用を受ける。

① ビニル絶縁ビニル外装ケーブル

このケーブルには丸形と平形の2種類ある。丸形ビニル絶縁ビニル外装ケーブルは，600 Vビニル絶縁電線2〜4条を介在ジュートとともにより合わせた後，ゴム引き布テープを巻き，丸く仕上げ，その上にビニルを規定の厚さに被覆し，0.1 mm以上のすずめっき軟銅テープで各線心又は各線心共通に遮へいが施されている。このケーブルは，軟化温度が低く，き裂が生じやすいので，最近ではこの点を改良した架橋ポリエチレン絶縁（CV）のものが使用されることが多い。

ポリエチレン（又は架橋ポリエチレン）絶縁ビニル外装ケーブルは地中配線，屋内配線などに広く用いられている。

b　クロロプレン外装ケーブル

絶縁体の種類により次のものがあり，導体の断面積100 mm^{2}以下，線心5本以下のものは「電気用品安全法」の適用を受ける。

① ゴム絶縁クロロプレン外装ケーブル（記号　RN）

　すずめっき軟銅線又は電気用アルミ線の単線（成形単線を含む）又はより線を導体とし，これに純ゴム30％以上を含有するゴム混合物を規定の厚さに被覆する。さらにゴム引き布テープ（単心ケーブルでは省略することもある）を巻き，加硫したもの1条〜3条を線心とし，単心ケーブルは線心の上に，多心ケーブルは線心を耐水処理したジュートなどの介在物とともに円形に仕上げ，その上に，クロロプレン混合物で規定の厚さに被覆し加硫したもので，600V用と3.3kV用がある（図2−15(a)）。3.3kV用には，通常各線心共通に厚さ0.1mm以上のすずめっき軟銅テープで電気的遮へいが施してある。

② ブチルゴム絶縁クロロプレン外装ケーブル（記号　BN）

　前者のゴム混合物の代わりにブチルゴム混合物（合成ゴムの一種，化学的，電気的特性などが優れている）で絶縁被覆するほかは違いはないが，一般に600V，3.3kV，6.6kV（特別高圧に使用されることもある）用がある（図2−15(b)）。高圧用のものは絶縁体と導体の接触面及び絶縁層の外部に半導電性テープを巻いてあり，単心ケーブルは線心上に，多心ケーブルは3.3kV用では共通に，6.6kV用では各線心ごとに厚さ0.1mmのすずめっき軟銅テープで電気的遮へいが施してある。

　クロロプレン外装ケーブルは地中電線，屋内配線などに用いられる。

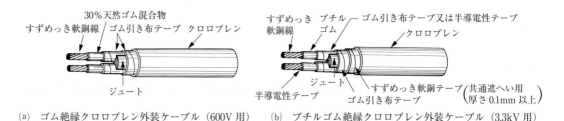

(a)　ゴム絶縁クロロプレン外装ケーブル（600V用）　　(b)　ブチルゴム絶縁クロロプレン外装ケーブル（3.3kV用）

図2−15　クロロプレン外装ケーブル

c　耐火ケーブル

　このケーブルはポリエチレン外装ケーブルの一種である。導体には，無酸素銅（空気を断ち窒素を満たした炉で精錬したもの）の銅線を使用し，その上に耐熱ガラステープ又は耐熱ガラス線を巻き，難燃性ポリエチレン絶縁を施し，難燃性ポリエチレン外装を施したものである。火災のときは，ガラステープ層で絶縁が保たれ，無酸素銅で機械的強度が保たれる。このケーブルは，火災時でも，消火栓そのほか消防設備などの電源供給確保のために用いられる。

d　鉛被ケーブル

　絶縁体の上に鉛の被覆を施したケーブルの総称で，絶縁体には，紙（高圧用のみ），天然ゴム，ブチルゴム，ビニル，ポリエチレンなどが使用されるが，一般には紙絶縁のものを指す（ベルト紙ケーブルと呼ぶことがある）。導体には軟銅線又は電気用アルミ線の単線又はより線

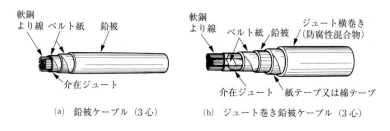
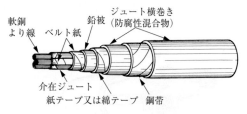
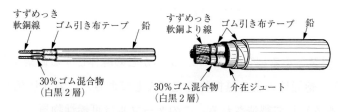

図2-16　鉛被ケーブル及びゴム絶縁鉛被電線

を使用するが,断面積の大きなものは,半円形又は扇形の成形より線を使用する。

単心ケーブルは,導体の上に絶縁紙を巻き,湿気及びガスを排除した後,絶縁コンパウンドを染み込ませてから鉛被を施したものである。

多心ケーブルは,導体の上に絶縁紙を巻いたものを線心とし,さらにこれらの線心をまとめて紙又はジュート,その他の繊維物質とともに円形に仕上げたものの上に,さらに絶縁紙を巻き,湿気及びガスを排除した後,絶縁コンパウンドを染み込ませてから鉛被を施したものである。鉛被ケーブルは,図2-16(a)～(c)のような構造である。

これらのケーブルは,送配電線路に最も広く使用されており,600V, 3.3, 6.6, 11.0, 16.5kV用のものがある。このほかに600Vゴム絶縁電線の木綿編組の代わりに鉛被を施したゴム絶縁鉛被電線があり,丸形（単心～4心）と平形（2心）の2種がある（図2-16(d),(e)）。この電線は耐湿性,耐油性,耐酸性（アルカリと機械的には弱い）などを必要とする特殊な場所に用いられる。

e　アルミ被ケーブル

鉛被ケーブルの鉛被の代わりにアルミ被を用いたものである。アルミ被は鉛被よりも曲げ加工が困難なので,ら旋状のひだ付きとし,曲げやすくしたもので,鉛被に比べて軽量で,機械的強さ,耐振性,耐熱性,導電性に優れている。

f CDケーブル

硬質のポリエチレン製ダクトのなかに，クロロプレン外装ケーブルやビニル外装ケーブルなどと同様な導体及び絶縁体をもつ線心，又はそれを2本以上より合わせたものを収めた構造のケーブルである。ダクトは一般に合成樹脂管のような円筒状であるが，太いケーブルでは，可とう性をもたせるのと強さを増すために波形ダクト（コルゲート付きダクトともいう）が用いられる。このケーブルは，ヒューム管やトラフなどの保護材なしで，直接地中埋設することができる（図2-17）。

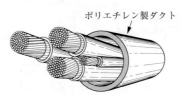

図2-17 CDケーブル

g MIケーブル

このケーブルは，外装となる銅管のなかに，あらかじめ導体とする硬銅線と粉末の酸化マグネシウム，そのほか，絶縁性のある無機物を充てんしておき，これを圧延した後，焼なまし（このとき軟銅線になる）して製造される。このケーブルは可燃性物質を全く使用していないので，燃えることなく，耐熱性が著しく大きく，250℃まで連続使用できる。また，機械的衝撃に極めて強く，耐老化性にも非常に優れている。このケーブルは，600V以下の電路で，船舶，高温場所，重要建造物などに使用されるほか，ロードヒーティングなどの発熱線，高層建築に「消防法」で要求される消防用コンセントの配線などにも使用される（図2-18）。

h コンクリート直埋ケーブル

このケーブルは，丸形と平形があり，ビニル又はポリエチレン絶縁のビニルシースケーブルで線心相互間及び線心とシース間に耐久性，耐衝撃性のある保護層を設け，ケーブルの機械的強度を向上したものである。このケーブルは，そのままコンクリートに埋め込むことができるので，金属管，合成樹脂管などの配管工事が不要となり，従来より著しく工期の短縮，配線材料の減少，工事の省力化が図れる（図2-19）。

なお，コンクリートに直接埋め込むことのできるケーブルにはMIケーブルがある。

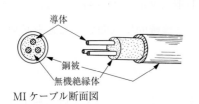

図2-18 MIケーブル

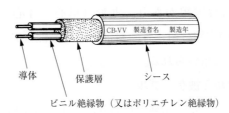

図2-19 コンクリート直埋ケーブル

i　キャブタイヤケーブル

① ゴムキャブタイヤケーブル

構造及びキャブタイヤゴムの材質により，次の4種類がある。導体には，いずれもすずめっき軟銅集合より線が使用されている。導体の断面積100mm^{2}以下，線心5本以下のものは「電気用品安全法」の適用を受ける（図2－20）。

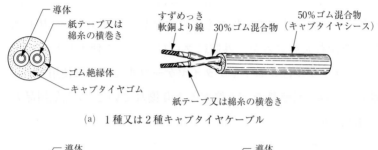

(a)　1種又は2種キャブタイヤケーブル

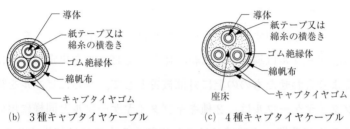

(b)　3種キャブタイヤケーブル　　(c)　4種キャブタイヤケーブル

図2－20　ゴムキャブタイヤケーブル

(a)　1種キャブタイヤケーブル

単心ケーブルは導体に紙テープ又は綿糸横巻きを施した上に，純ゴム30％以上を含むキャブタイヤゴムを規定の厚さに被覆したものである。多心ケーブルは導体に紙テープ又は綿糸横巻きを施した上に絶縁体として純ゴム30％以上を含むゴム混合物で規定の厚さに被覆したものを線心とし，これをより合わせたものの上に外部被覆として，さらに，純ゴム30％以上を含むキャブタイヤゴムを被覆したものである。

(b)　2種キャブタイヤケーブル

1種キャブタイヤケーブルと同一構造であるが，キャブタイヤゴムの質がよく，純ゴムの含有量が50％以上となっている。

キャブタイヤケーブルのなかでは，最も多く使用されるものである。

(c)　3種キャブタイヤケーブル

2種キャブタイヤケーブルと同一構造であるが，キャブタイヤゴムの中間に綿帆布テープの補強層を有している。

(d)　4種キャブタイヤケーブル

3種キャブタイヤケーブルと同一構造であるが，各線心間にゴム座床を有している。

キャブタイヤケーブルは機械的性質に重点を置いたもので，耐摩耗性に富むので，工場，農

場，その他特殊な場所などの移動電線として使用されるが，特に強度の大きい3種及び4種キャブタイヤケーブルは，鉱山その他の坑道内の低圧配線，又は低圧のしゅんせつ船用の水上電線路の電線などに使用される。

② クロロプレンキャブタイヤケーブル

ゴムキャブタイヤケーブル（2種，3種，4種）のキャブタイヤゴム（キャブタイヤシース）をクロロプレン又はクロロプレンと天然ゴムにしたものである。なお，3種及び4種には，キャブタイヤシースの補強層の内外ともクロロプレンを使用した（甲）と，補強層の内側に純ゴム50％以上を含む天然ゴムを，外側にクロロプレンを使用した（乙）がある。クロロプレンキャブタイヤケーブルはゴムキャブタイヤケーブルと同様に使用されるが，クロロプレンは耐油性，耐オゾン性，耐燃性など天然ゴムより優れている。「電気用品安全法」の適用を受ける（図2-21(a), (b)）。

③ ビニルキャブタイヤケーブル

導体には軟銅集合より線を使用する。単心ケーブルは導体の上にビニルを規定の厚さに被覆したものである。多心ケーブルは導体の上に絶縁体としてビニルを規定の厚さに被覆したものを線心とし，これをより合わせたものの上に外部被覆として，さらにビニルを被覆したものである。ビニルキャブタイヤケーブルは，2種キャブタイヤケーブルと同様に用いられるが，電気を熱として利用する電気機器，電球線又はこれに類するものには使用することはできない。「電気用品安全法」の適用を受ける（図2-21(c)）。

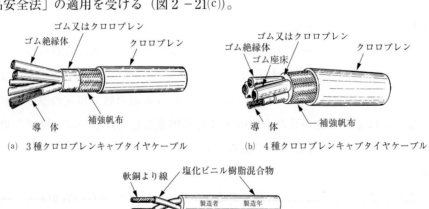

図2-21 クロロプレン及びビニルキャブタイヤケーブル

④ 溶接用ケーブル

主としてアーク溶接機に用いられる一種のキャブタイヤケーブルである。導体用とホルダ用がある。導体用は，直径0.45mmのすずめっき軟銅線をより合わせて紙テープを重ね巻きした上に，天然ゴムキャブタイヤ（1種）とクロロプレンキャブタイヤ（2種）で被覆したものである。ホルダ用は，溶接棒ホルダに接続する部分のもので，導体用より被覆が厚く，また可と

う性を要求されるので，直径0.16mmのすずめっき軟銅線を複合よりにしてある。100mm^{2}以下は，「電気用品安全法」の適用を受ける。また100mm^{2}以上は「電気設備に関する技術基準を定める省令」（以降「電気設備技術基準」という）の告示に規格が定められている。

⑤ 高圧用キャブタイヤケーブル

高圧用2種クロロプレンキャブタイヤケーブルと高圧用3種クロロプレンキャブタイヤケーブルがある。すずめっき軟銅集合より線の上にブチルゴム，又はエチレンプロピレンゴムで規定の厚さに絶縁したものを線心として，2種の単心ケーブルは線心上に，多心ケーブルは各線心上又は2条以上より合わせた上に，すずめっき軟銅テープなどの遮へい層を，3種は各線心上に半導電層を設けた後，2種と同様に遮へい層を設け，クロロプレン外装を施したもので，3種には補強帆布が入っている。

表2-11① ケーブルの構造と使用場所（例）

ケーブル	構　　造	摘　　要	使用場所及び構造図
600Vビニル絶縁ビニルシースケーブル （丸形のものはVVR 平形のものはVVF又はVA）	軟銅線にビニルを被覆し，さらにそれらをより合わせるか，平行にしてビニルを被覆したもの。単線とより線があり，線心数は単心〜4心がある。	定格：600V R = Round F = Flat A = Armour 単線：1.0〜3.2mm より線：2〜1 000mm^2	屋内，屋外の電力用
架橋ポリエチレン絶縁ビニルシースケーブル （記号　CV 　　　　CVT） 架橋ポリエチレン絶縁ポリエチレンシースケーブル （記号　CE 　　　　CET）	軟銅線に架橋ポリエチレンを被覆し，シースにビニル又はポリエチレンを被覆したもの。6.6kV用は導体上と絶縁体上に半導電層を設けている。また3.3kV，6.6kV用は軟銅テープの遮へい層を設けている。単心のものを3条より合わせたものをトリプレックス（Triplex）という。	定格：600V 　　　3 300V 　　　6 600V C = Crosslinked Polyethylene V = PVC E = Polyethylene T = Triplex 600V： 単心：2〜1 000mm^2 2〜4心：2〜325mm^2	屋内，屋外の電力用 6.6KV CV 600VCVT 6kV CVT 22 000V CV

表2-11② ケーブルの構造と使用場所（例）

ケーブル	構　造	摘　要	使用場所及び構造図
耐火電線 （又は耐火ケーブル） （記号　FP 　　　　FP-C）	低圧用は軟銅線の上に耐火性のテープを巻き、ポリエチレン絶縁体を被覆し、さらにそれらをより合わせるか平行にしてビニル又は難燃ポリエチレンを被覆したもの。 最大サイズ：1 000 mm² 最大線心数：30心	F = Fire P = Proof C = Conduit 高圧用も規定されている。30分間で840 ℃まで上昇する加熱試験で耐電圧、絶縁抵抗などの性能評価を行う。	消防設備の電力用 （30分通電） ポリエチレン絶縁体／耐火層／ビニル又は難燃ポリエチレンシース／導体（軟銅線）
耐熱電線 （又は耐熱ケーブル） （記号　HP）	一般的に、軟銅線に架橋ポリエチレンを被覆し、それらを対よりにしてからより合わせるか、対よりせずにより合わせる。その上に押さえ巻きと、耐熱層を兼ねるテープを巻き、ビニル又は難燃ポリエチレンを被覆する。	H = Heat P = Proof 15分間で380 ℃まで上昇する加熱試験で耐電圧、絶縁抵抗などの性能評価を行う。	消防設備の小勢力回路用 （15分通電） 導体（軟銅線）／シース（ビニル又は難燃ポリエチレン）／押さえ巻き／絶縁体（架橋ポリエチレン）

j　その他

エレベータの運転制御や信号用に用いられるエレベータ用ケーブル、X線発生装置のX線管につながる回路に使用するX線用ケーブルなど、それぞれ特殊用途に適した構造のケーブルがある。その規格は「電気設備の技術基準とその解釈」の別表に定められている。また、平形保護層配線用として、平形導体合成樹脂電線（図2-22）があり、工事方法としてJIS C 3652：1993「電力フラットケーブルの施工方法」が規定されている。平形導体合成樹脂電線施工例を図2-23に示す。

図2-22　平形導体合成樹脂電線
　　　　（電力フラットケーブル）
出所：パナソニック㈱
　　　エコソリューションズ社

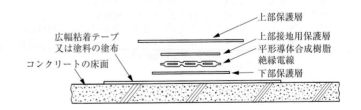

図2-23　平形導体合成樹脂電線施工例

k　コード

コードには、ゴムコード、ビニルコード及びキャブタイヤコードがあり、すべて「電気用品

安全法」の適用を受ける。

① ゴムコード

ゴムコードは，その構造から次の4種がある。このコードは乾燥した場所の移動電線及び電球線用として使用される。

(a) 単心ゴムコード

軟銅集合より線に紙テープ又は綿糸を巻き，純ゴム30％を含むゴム混合物で規定の厚さに絶縁（公称断面積3.5mm^{2}以上のものは，その上にゴム引き綿テープを重ね巻きする）し，加硫したものを線心とし，その上により糸で密に上打ち編組を施したものである。

(b) より合わせゴムコード

単心ゴムコードを2条以上左よりにより合わせたもので，2個よりコードが最も多い（図2-24）。

(c) 袋打ちゴムコード

単心ゴムコードの線心の上に，下打ち編組を施したものを線心とし，これを2条，左よりにより合わせ，さらにその上に，より糸で密に上打ち編組を施したものである（図2-25）。

(d) 丸打ちゴムコード

袋打ちゴムコードの線心2条に綿糸を介在させ，丸くより合わせた上に，より糸で密に上打ち編組をしたものである（図2-26）。

② ビニルコード（器具用ビニルコード）

ビニルコードは，その構造から次の5種類がある。このコードは電気を熱として使用しない家庭用電気機械器具に付属する移動電線として使用される（図2-27）。

表2-12 コードの構造と使用場所（例）

コード	構　造	摘　要	主な使用場所及び構造図
ゴム絶縁袋打ちコード（記号 FF）	すずめっき軟銅線に天然ゴム絶縁体を被覆し，2～4心より合わせて人絹糸などで二重に編組を施す。	規格：JIS C 3301 定格：300 V F = Flexible F = 袋打ち JIS C 3301には FFのほか，22種類のコードが規定されている。	小形電気器具用 導体（軟銅線）　袋打ち 絶縁体（ゴム）
ビニル平形コード（記号 VFF）	軟銅線を一定の間隔で平行に配列したものにビニルを被覆したもので，2心が容易に切り離すことができる形状となっている。	規格：JIS C 3306 定格：300 V F = Flexible F = Flat JIS C 3306には VFFのほか，9種類のコードが規定されている。	小形電気器具用 製造者名　製造年

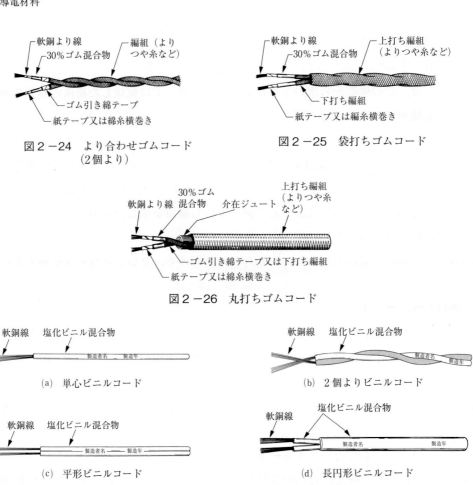

図2－24　より合わせゴムコード（2個より）

図2－25　袋打ちゴムコード

図2－26　丸打ちゴムコード

(a)　単心ビニルコード

(b)　2個よりビニルコード

(c)　平形ビニルコード

(d)　長円形ビニルコード

（充実形）

（ジャケット形）

(e)　丸形ビニルコード

図2－27　ビニルコード

(a)　単心ビニルコード

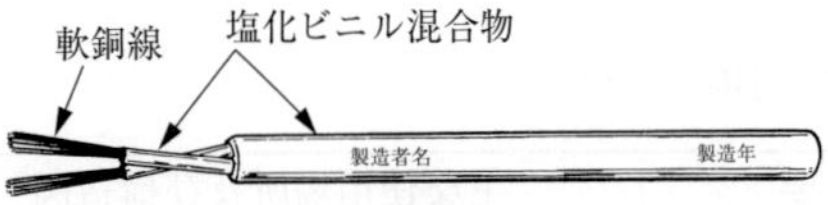

軟銅集合より線を線心とし，その上にビニルを規定の厚さに被覆したものである。

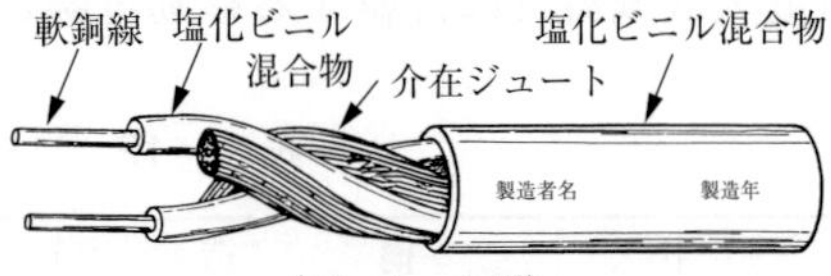

(b)　より合わせビニルコード

単心ビニルコードを2～4条左よりにより合わせたものである。

(c)　平形ビニルコード

軟銅集合より線の導体を適当な間隔に配列したものの上に，ビニルを規定の厚さに各線が分離しやすく，かつ分離したとき絶縁体の厚さが均分されるように被覆したもので，通常，2心である。

(d) 長円形ビニルコード

軟銅集合より線の導体の上に，ビニルを規定の厚さに被覆したものを線心とし，線心2条又は3条を配列した上に線心間のすき間を埋めてビニルを規定の厚さに外部被覆として長円形としたものである。

(e) 丸形ビニルコード

丸形ビニルコードにはジャケット形と充実形がある。ジャケット形は，軟銅集合より線の導体の上に，ビニルを規定の厚さに被覆したものを線心とし，線心2条又は3条を綿糸などの介在とともに左よりにより合わせた上に，さらにビニルを規定の厚さに外部被覆して円形にしたものである。充実形は，ジャケット形と同様に線心2条又は3条を左よりにより合わせた上に，線心間のすき間を埋めてビニルを規定の厚さに外部被覆して円形にしたものである。

③ キャブタイヤコード

キャブタイヤコードは，その材質によりゴムキャブタイヤコードとビニルキャブタイヤコードの2種類がある。ゴムのものはゴムコード，ビニルのものはビニルコードと同じ用途に使用される（図2-28）。

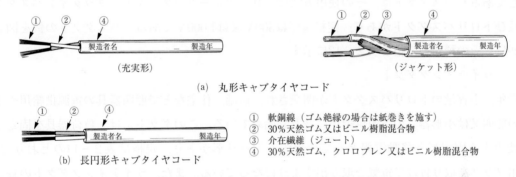

図2-28 キャブタイヤコード

(a) ゴムキャブタイヤコード

ゴムコードと同構成の線心（天然ゴム絶縁のもの）を2本以上そのまま（充実形），又は綿糸その他の軟らかい繊維質のものとともにより合わせたもの（ジャケット形）に，純ゴム30％以上を含むゴム混合物又はクロロプレンを被覆加硫した丸形と，線心2条を密接平行して線心のすき間を埋めて上記の被覆を施した長円形がある。

(b) ビニルキャブタイヤコード

軟銅集合より線にビニルを規定の厚さに被覆したものを線心とし，これを2本以上そのまま（充実形），又は綿糸その他の軟らかい繊維質のものとともにより合わせたもの（ジャケット形）に，ビニルを被覆した丸形と，線心2条を密接平行して線心のすき間を埋めてビニル被覆を施した長円形がある。

④ その他のコード

電熱器などに使用するために，線心のゴム絶縁体の上に断熱材を施して外部編組した電熱コード及び電気バリカン，電気カミソリなどのように，使用中絶えず屈曲し，高度の可とう性を要求される器具に使用するために，極めて薄い軟銅箔(はく)を強じんな2個より綿糸に巻き付けた導体を用いた金糸コードがある。

1 ダクト

導電材料に用いられるダクトには，構造や使用方法によりバスダクトとライティングダクトの2種類がある。

① バスダクト

バスダクトは，適当なさび止めを施した厚さ1.0～2.3mmの鋼帯又は厚さ1.6～3.2mmのアルミニウム板製のダクトのなかに，絶縁物で適当な間隔（0.5m以下）に支持された銅帯又は導電率60％以上のアルミニウム帯の裸導体（裸導体バスダクト）又は前記導体に絶縁被覆を施し，コンパクトにした絶縁被覆導体（絶縁バスダクト）を収めたものである。導体の接続部及びプラグとの接触部には，電気的接触を完全にするため，銀，すず又はカドミウムめっきが施してある。バスダクトは，その使用方法により，フィーダバスダクト，プラグインバスダクト及びトロリバスダクトがあり，定格電圧は300V又は1 000Vである。バスダクトの例を図2－29に，その種類と定格を表2－13に示す。

② ライティングダクト

近年，小容量のトロリバスダクトが開発され，店舗，住宅などで照明器具の電源供給用や工場の照明又は小形器具の電源供給用に普及し始めている。このダクトには，負荷器具を固定して使用する固定形と移動電線として使用するトロリ形があり，定格は表2－14のとおりで，専用プラグを取り付けて電気を取り出すようになっている。また，ライティングダクトの長さは，15Aのものは1，1.5，2，3，4m，20A以上のものは3mが標準である。ライティングダクトの例を図2－30に，その定格を表2－14に示す。

図2－29 バスダクト

出所：昭和電線ケーブルシステム㈱

図2－30 ライティングダクト

出所：東芝ライテック㈱

表2−13 バスダクトの種類と定格 (JIS C 8364:2008)

種類					極数	定格電流 [A]	定格電圧 [V]	定格短時間耐電流 [A]
	名称		形式					
バスダクト	フィーダバスダクト ストレート エルボ オフセット ティー クロス レジューサ エキスパンションバスダクト タップ付きバスダクト トランスポジションバスダクト	−	屋内用	絶縁導体 裸導体	2	60	300	5 000
				換気形 非換気形	3	100	300[(1)]	7 500
			屋外用	絶縁導体 裸導体	4	200	600	10 000
				換気形 非換気形		300	750[(1)]	14 000
		耐火	屋内用	絶縁導体 裸導体		400	1 000	18 000
				非換気形 非換気形		600	1 500[(1)]	22 000
						800		25 000
						1 000		30 000
						1 200		35 000
						1 500		42 000
						1 600		50 000
						2 000		60 000
	プラグインバスダクト	−	屋内用	絶縁導体 裸導体		2 500		65 000
				換気形 非換気形		3 000		75 000
						3 500		85 000
						4 000		90 000
						4 500		100 000
						5 000		125 000
						5 500		150 000
						6 000		200 000
附属品	エンドクローザ		−		−	−	−	−
	フィードインボックス						300 300[(1)] 600 750[(1)] 1 000 1 500[(1)]	
	プラグイン器具[(2)]	プラグインブレーカ ボルトオンブレーカ	取っ手操作 内部開閉操作		2 3 4	−	−	−
	ボルトオン器具[(2)]	プラグインスイッチ ボルトオンスイッチ	取っ手操作 カバー操作 内部開閉操作	筒形ヒューズ 栓形ヒューズ	2 3 4	−	−	−
		プラグインボックス ボルトオンボックス	ヒューズ付き	筒形ヒューズ 栓形ヒューズ	2 3	−	−	−
			ヒューズなし	−	4			

(注) (1) 直流電流を示す。
　　 (2) プラグイン器具及びボルトオン器具の定格電流及び定格電圧は，内蔵する遮断器などの定格電流及び定格電圧とする。

表2−14 ライティングダクトの定格

種類		定格電流 [A]	定格電圧 [V]
ライティングダクト	固定形 トロリ形	15, 20, 30 15, 20	125, 300 (250)
プラグ	固定形 トロリ形	6 (5), 10, 15, 20, 30 6 (5), 10, 15, 20	

第2節　特殊導体材料

　この節では，特殊導体材料として電線以外の導体材料を扱う。その内容は接点材料，ヒューズ材料，ブラシ材料，ろう付材料であり，これらの材料の基本的な性質，特徴を説明する。

2.1　接点材料

　接点材料は継電器や温度調節器のように，度々電流が断続する部分，遮断器のように大電力の回路を開く接点などに用いられる。これらの接点は，電流を切るときに発生する火花のために損傷したり，ときには融着して切れなくなったり，接触部が酸化して接触抵抗が大きくなったりすることを防ぐのが目的であるから，接点材料としては次のような条件が望まれる（表2－15）。

① 熱，電気の良導体であること。
② 接触抵抗が小さく，酸化しにくいこと。
③ 融点及び気化点が高いこと。
④ 接点が開くときにアークが早く消えること。
⑤ 硬くて摩耗しないこと。

表2－15　接点材料の性質

性質＼種類	耐摩擦性	接触性	溶着性 放電を伴わない場合	溶着性 放電を伴う場合	アークを遮断する能力	強さ
Ptとその合金	B	A	C	B	A	B
Irとその合金	A	A	C	B	A	A
Osとその合金	B	A	C	A	B	B
W	A	B	B	B	A	A
W-Ag	B	B	B	B	B	B
W-Cu	B	C	B	B	B	B
Agとその合金	C	B	A	C	C	C
Auとその合金	C	A	A	C	C	C
Cuとその合金	C	C	A	C	C	C
C	D	C	A	A	D	D

（注）A：極めて優秀　　B：優秀　　C：普通　　D：不良

　図2－31にプランジャ形電磁接触器及びヒンジ形電磁リレーの構造を示す。

なお，電気接点は次のような開閉器接点と静止接点に大別される。

電気接点─┬─開閉器接点……電気回路の開閉を行う接点である。
　　　　└─静止接点………継続する接触を目的とする接点でターミナルコネクタなどがある。

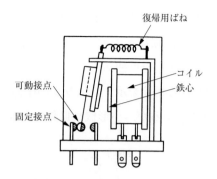

(a) プランジャ形電磁接触器　　　　　(b) ヒンジ形電磁リレーの構造

図2-31　電磁接触器及び電磁リレーの構造

出所：(a)　富士電機機器制御㈱

（1）接点材料に用いられる合金

これらの条件を満たすため，実際には次のような合金が用いられる。

a　白金系の合金例

1号合金（Pt 5～7％，Au 58.5～69.5％，Ag 23.5～26.5％）

b　タングステン系の合金例

銀・タングステン合金（Ag 35％，W 65％）

c　金，銀合金例

GS合金（Ag 90～30％，Au 10～70％）

d　銅合金例

銅ベリリウム合金（Cu 97.5％，Be 2.5％）

2.2　ヒューズ材料　(JIS C 8313：2016，JIS C 8314：2015，JIS C 8319：2016)

電気機器や配線が，短絡や過負荷により流れる過電流によって焼損するのを防止するため，事故のときに早く溶断して回路を遮断するものにヒューズがある。したがってヒューズは，抵抗率が低く，溶融温度が低いものでなければならない。ヒューズ材としては，鉛，すず，ビスマス，インジウムなどの合金が用いられる。その他精密な動作を必要とする計器の保護用ヒューズには，タングステンの細線が，また大電流や高電圧の回路には，銀ヒューズが用いられる。ヒューズの形状には糸，板，つめ付き，筒形，プラグ（栓形）がある。

2.3 ブラシ材料

ブラシは直流機の整流子，誘導機や同期機のスリップリングとの接触や抵抗器の接触子に用いられ，静止体と回転体との間に電流を流す重要な役目を果たす（図2－32）。黒鉛，炭素，金属粉（銅粉，銀粉）を単独あるいは混合して高温度に加熱焼成したものである。表2－16に各種ブラシの特性と用途を示す。ブラシの圧力は一般直流機やスリップリングの場合13 720～24 500 Pa が適当であるが，小形機や振動の大きい場合は29 400～49 000 Pa とする。

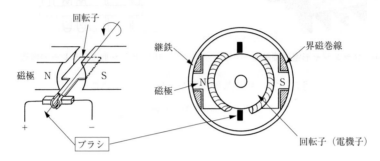

図2－32　直流機のブラシ

表2－16　各種ブラシの特性と用途

種　　類		許容電流密度 [A/cm²]	整流性能	許容周速 [m/sec]	用　　途
電気黒鉛質ブラシ	油煙系	10	優	60	大容量，高速直流機，交流整流子電動機
	コークス系		良	40	一般直流機，電鉄用直流機，スリップリング
	天然黒鉛系		良	60	高速スリップリング
天然黒鉛質ブラシ		10	良	60	同上，低電圧直流機
金属黒鉛質ブラシ		15～30	可	35	スリップリング
炭素黒鉛質ブラシ		7	可	15	小形交流整流子電動機

2.4 ろう付材料

ろう付材料は，電線その他の金属部分を互いに接着するのに用いられるが，電気機器，特に電子回路の故障の多くは，この接着不良が原因といわれている。したがって，この簡単な作業を確実に，速く行うことが大切である。ろう付材料には，軟ろう，硬ろう及びアルミニウムろうがある（表2－17）。

表2−17 各種ろう付材料

融　点 [℃]	流動点 [℃]	成　分 [%]	フラックス*
181	181	Sn64, Pb36	A
200	260	Pb80, Sn20	A
682	718	Ag60, Cu25, Zn15	B
779	779	Ag72, Cu28	H_2, B
778	910	Cu60, Ag40	H_2, B
875	−	Cu54, Zn46	H_2, B

（注）＊フラックス　A：$40ZnCl_2$, $20NH_4Cl$, $40H_2O$　　B：ほう砂　　H_2：水素

（1）軟ろう

軟ろうは，普通はんだといわれ，すずと鉛の合金あるいは純すずであり，その溶融点は180〜213℃と低く，はんだごてによる取扱いが容易であるが，機械的強度は小さい。軟ろうの溶融点は成分の割合で違ってくるが，通常すずが60％，鉛が40％のものが，融点が最も低いので多く用いられる。また，接着する場合，接着面の酸化を防止するためにフラックス（溶剤）を用いる。

なお，フラックスは，有機フラックスと無機フラックスに分けられる。有機フラックスは塩素を全く含まない有機物のみで合成され，代表的なものには松やにを主成分としたものがある。無機フラックスは塩化物を主成分にしたもので，軟ろうにはフラックスとして主に塩化亜鉛を用いる。

（2）硬ろう

硬ろうには，銀ろうと黄銅ろうがあり，銀ろうは銀・銅・亜鉛，黄銅ろうは銅・亜鉛を主成分としており，溶融点は600〜900℃と高く，機械的強度も大きい。硬ろうは接着強度が大で，高温にも耐えるが，作業温度が高いのでガスバーナやトーチランプで加熱する必要がある。硬ろうには，フラックスとして硼砂（ほうしゃ）を用いる。

（3）アルミニウムろう

アルミニウムの接着に用いるアルミニウムろうは，硬ろう，軟ろう，反応ろうなどがある。硬ろうはアルミニウムを主成分とした合金で，溶融温度は570〜600℃ぐらいである。軟ろうはすず，亜鉛などを主成分とした合金で，溶融温度は400℃以下である。いずれも接着部にはフラックスを用いる。反応ろうは，亜鉛の塩化物を主成分としたもので，これをアルミニウムにつけ，加熱反応によって亜鉛を析出させて接着する。

2.5 その他の材料

(1) バイメタル(JIS C 2530：1993〈追補：2006〉)

熱膨張係数が異なる2枚の金属を張り合わせたもので，温度が上昇すると熱膨張係数の小さいほうへ湾曲する性質を応用して，電気暖房器具，乾燥炉，自動火災報知器，電流制限器などの温度調節に用いられる。代表的なバイメタルを表2-18に，またバイメタルの動作を図2-33に示す。

表2-18　代表的なバイメタル

バイメタルの金属の組合わせ	使用温度 [℃]
黄銅-34 [％] ニッケル鋼	100 以下
青銅-36 [％] ニッケル鋼	150 以下
20 [％] ニッケル鋼-42～52 [％] ニッケル鋼	400 付近

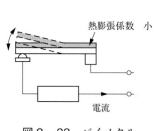

図2-33　バイメタル

図2-34　熱電対

(2) 熱電対材料(JIS C 1602：2015)

図2-34のように2種の金属線で閉回路をつくり，その接続点の一方P_2の温度t_2を他方P_1の温度t_1より高くすると，起電力(これを熱起電力という)が生じて電流(これを熱電流という)が流れる。このような2種の金属線の組合わせを熱電対という。また，この熱電対をいくつも直列に接続したものはサーモパイルと呼ばれる。この場合の熱起電力は各起電力の和となる。この熱起電力を電圧計や電位差計で測定すれば温度を知ることができるので，熱電対は温度計として利用される。

白金ロジウム(白金87％，ロジウム13％)と白金の組合わせで1 600℃まで，鉄とコンスタンタン(銅60％，ニッケル40％)の組合わせで800℃まで，また銅とコンスタンタンの組合わせで350℃まで測定することができる。

(3) 圧電気材料

水晶，チタン酸バリウム，ロシェル塩などはひずみを受けると電気を生じ，逆に交番電界を

受けると伸縮するので，マイクロホン，ピックアップ，受話器，拡声器，圧力測定，周波数標準器，水晶時計などに用いられる。

（4）蛍光材料

陰極線，X線，光，熱などの刺激を与えると光を発する物質がある。このなかで刺激を取り去るとすぐ光が消えるものを蛍光体，刺激を取り去った後でも光が続くものをりん光体という。蛍光材料として用いられるものに硫化亜鉛，硫化カドミウム，タングステン酸カルシウム，タングステン酸カドミウムなどがあり，ブラウン管，蛍光管に使用されている。

なお，電界を印加することで発光することをエレクトロルミセンス（EL）という。発光物が有機物のときを有機EL，無機物のときを無機ELと呼ぶ。

第3節 抵 抗 材 料

抵抗材料は抵抗器や発熱体に用いられる。この節では，抵抗材料を抵抗器用の材料と発熱体用の材料とに大別し，それぞれの種類や特徴について説明する。

3.1 抵抗材料の性質

導体材料は，電流を通すことを主目的とするために，できるだけ抵抗率の小さいことが必要であった。しかし，一方では，流れる電流を適度に調節する材料も必要であり，また材料がもつ抵抗の測定や発熱の目的に利用することも必要となる。このような目的に使用される材料を抵抗材料と呼び，導体材料とは区別して説明する。各種抵抗器用材料の特性を表2－19に示す。

抵抗材料に必要な条件としては，次のようなものがある。
① 使用目的に応じ抵抗率が適当なこと。
② 温度係数が小さいこと。
③ 化学的に安定し耐久性に富むこと。
④ 機械的強度が十分であること。
⑤ 加工及び接続が容易であること。
⑥ 価格が安いこと。

表2－19 各種抵抗器用材料の特性

名 称	成 分 [%]							密度 [$\times 10^3$ kg/m³]	抵抗率 [$\Omega \cdot m$] $\times 10^{-8}$	温度係数 $\times 10^{-5}$	引張強さ [N/mm²]
	Cu	Ni	Mn	Zn	W	Fe	Si				
コンスタンタン	54	46						8.9	50	−4	44
マンガニン	86	2	12					8.4	43	1	
アドバンス	54.5	44.63	0.54			0.11		8.9	47.56	0	588
アイデアル	53.65	44.84	0.38			0.60	0.05	8.9	47.23	0.5	412
コーペル	54.18	45.44				0.15			46.34	11	
ユレカ	56.5	43						8.96	47.4	4.8	
フェリ	58	42							47.2	0	
洋 銀	60	20		20					30	34	
プラチノイド	60	14		24	2				33	22	
モネル	28.0	67.0	5.0					8.8	42.5	190	510
ルセロ	29.43	66.86	1.32			0.19			45.91	70	

なお，電熱材料としては，用途から考えて前記の条件のほかに，次のようなものが望まれる。
⑦　高温度に耐えること。
⑧　加熱と冷却を繰り返し受けても変化しないこと。
⑨　結晶が成長しないこと。

3.2　測定器用抵抗材料

測定器用抵抗材料としては，マンガニンが最も適している。

マンガニン線は，銅83～86％，マンガン12～15％，ニッケル2～4％からなる合金で，温度係数及び銅に対する熱起電力が小さいので，精密計器や測定器用の標準抵抗材料などに用いられる。マンガニン線のなかでも銅にマンガン14％，ニッケル2.5％，鉄1.5％の合金線は，抵抗の温度係数，銅に対する熱起電力が極めて小さいので，標準抵抗器として用いられる。

欠点としては酸化しやすいので，表面にワニスを塗るか，あるいは油をつけてこれを防止することが必要である。

なお，我が国ではニッケルの産出量が少ないので，ニッケルを節約するためにマンガン，アルミニウムを含む無ニッケルマンガニンも研究されている。

3.3　電流調節用抵抗材料

電流調節用抵抗材料としては，コンスタンタン，鋳鉄が適している。

なお，受変電設備など，電力用機器の動作特性試験などの際に，電流調節用抵抗器として，水に食塩，炭酸ソーダなどを溶解させた水抵抗器が利用されている。これは，極板の間隔や水の接する面積を可変して抵抗値を調節する方法である。

（1）コンスタンタン

コンスタンタンは銅55％，ニッケル45％からなる合金で，温度係数は小さく熱起電力も大きいので，抵抗線として適している（熱電対としても用いられる）。

（2）鋳　　鉄

鋳鉄は図2－35のような鋳鉄格子（グリット抵抗）として用いられる。鉄に炭素3.5％，けい素2％，マンガン0.5％，りん0.3％のものでは抵抗率が90×10^{-8}～$100\times10^{-8}\Omega\cdot$m程度である。また，けい素の量を増すか，アルミニウムを加えると抵抗率170×10^{-8}～$200\times10^{-8}\Omega\cdot$mのものが得られる。また，ニッケルを5％

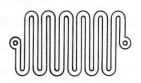

普通このような形の抵抗がいくつか直列接続され抵抗器となっている

図2－35　グリット抵抗

加えると曲げ強さの高いものが得られ，ニッケル14％，クロム4％，銅6％を入れて耐酸性のものも得られる．グリット抵抗は，電動機の始動用，速度調節用，電気化学工業用などの大電流調節に用いられる．

3.4 電熱用抵抗材料 (JIS C 2520：1999)

電熱用抵抗材料は温度による酸化の少ないこと，溶融点の高いこと，加工のしやすいことなどが必要で，ニクロム，鉄クロムが用いられる．

(1) ニクロム (ニッケルクロム合金)

ニッケルは，クロムを合金すると耐熱性，耐腐食性を増し，発熱用抵抗線として最適の材料が得られる．なお，高温でも酸化しにくく，引張強さも大きく，体積抵抗率も大きい．現在用いられている電熱用ニクロムには，1種と2種がある（表2-20）．

1種は，高温でも軟化しにくく，加熱後ももろくならず，加工がしやすく，強い性質があり，さらに硫化性のガス以外のガスでは侵されないので，1150℃までの工業用高温電気炉の発熱体に適している．

2種は，耐熱性，耐ガス性の点ではニクロム1種に少し劣るが，加工しやすく，900℃までの電気炉，電熱器の発熱体及び抵抗線に適している．

表2-20 ニクロム電熱線の成分と性質 (JIS C 2520：1999)

種類	成分 [％]						体積抵抗率 (23℃) [$\mu\Omega \cdot m$]
	Ni	Cr	Mn	C	Si	Fe	
1種	77以上	19～21	2.5以下	0.15以下	0.75～1.6	1.0以下	1.08±0.05
2種	57以上	15～18	1.5以下	0.15以下	0.75～1.6	残り	1.12±0.05

(2) 鉄クロム (鉄クロムアルミニウム合金)

ニクロムより体積抵抗率が大きく，耐熱性や引張強さなども優れているので，電熱線として用いられる．ニッケルを使用しないので安価であるが，加工が困難なことと，もろいのが欠点である．これにもニクロムと同じように1種と2種がある（表2-21）．1種は，1200℃までの高温用に用いられ，耐酸性は優れているが，加工が困難である．2種は，1100℃までの使用に耐え，加工も比較的容易である．

表2-21 鉄クロム電熱線の成分と性質 (JIS C 2520 : 1999)

種類	成分 [%]						体積抵抗率 (23℃) [$\mu \Omega \cdot m$]
	Cr	Al	Mn	C	Si	Fe	
1種	23～26	4～6	1.0以下	0.10以下	1.5以下	残り	1.42±0.06
2種	17～21	2～4	1.0以下	0.10以下	1.5以下	残り	1.23±0.06

3.5 その他の抵抗材料

(1) ニッケル線

純ニッケル線の融点は約1 400℃にもなるので，そのまま抵抗材料として使われることがある。また，ニッケル94％，マンガン2.5％，鉄0.5％を加えたアルメル線は融点1 400℃で，1 250℃までは連続使用できるので，抵抗材料として使われるほか熱電対としても用いられる。

(2) モリブデン線

比較的軟質で，酸化を防止する意味で水素中で使用すれば，1 650℃まで使用することができる。

(3) タングステン線

タングステン線は最もよく利用されるが，空気中では酸化・燃焼するので真空中で用いられる。酸化を防止して真空炉に使用すれば，モリブデンよりさらに高温度で使用することができる。また，電球や真空管のフィラメントとして盛んに用いられている。

(4) 白金線

高価であるが，溶融点付近まで酸化しないので，1 600℃まで使用することができる。これは電気接点，抵抗線，熱電対などに用いられる。

第4節 半導体材料

この節では,半導体材料の製造方法について説明する。半導体材料は電子部品として使われるため,半導体材料の用途については「第6章 電気・電子部品」で説明する。

4.1 半導体の種類と精製

(1) 半導体の種類

半導体となる物質には,ゲルマニウムやけい素のような単体物質,インジウムアンチモン

表2-22 半導体材料の使用例(半導体以外のものも含む)

	使用例		半導体の種類
電気的・磁気的	トランジスタ(バイポーラ,FET)		Ge,Si,GaAs
	整流器		Ge,Si,GaAs
	トンネルダイオード		Ge,GaAs,GaSb
	インパットダイオード		Si
	ガンダイオード		GaAs
	電流磁気効果素子		InSb,InAs,Ge,Si
	熱電効果素子		Bi_2Te_3,Bi-Sb,PbTe
	ピエゾ抵抗効果素子		Ge,Si,GaAs,GaSb,PbTe
	圧電効果素子		水晶,ロシェル塩,$BaTiO_3$,CdS,ZnO
光エレクトロニクス	光源(発光)	光ルミネセンス	ZnS:Ag,(Zn,Cd)S:Cu,Y_2O_3:Euなど。またレーザ用としてAl_2O_3:Cr,$Y_3Al_5O_{12}$(YAG):Nd
		電子線ルミネセンス	ZnS,CdS,GaAsなど。これらではレーザ発光も観測されている。
		注入形発光ダイオード	GaAs,GaP,Ga(As,P),(Ga,Al)Asなど。レーザ作用はGaAs pn接合,GaAs-(Ga,Al)Asヘテロ結合
		真性形発光	ZnS,Zn(S,Se)
		放電	He-Heレーザなど。
	変調・偏向	電気光学効果	KDP,$LiNbO_3$,$LiTaO_3$,$Ba_2NaNb_5O_{15}$,$Sr_{0.75}Ba_{0.25}Nb_2O_6$,ZnTe
		音響光学効果	H_2O,α-HIO_3,TeO_2,$PbMoO_4$
		磁気光学効果	YIG
	波長変換	赤外→可視変換	多光子吸収と蛍光現象で,GaAs発光ダイオードと右の材料との組合わせ。YOCl:Yb,Er(赤),YF_3:Yb,Er(緑),YF_3:Yb,Tm(青)
		二次高調波発生 光パラメトリック発振	KDP,$LiNbO_3$,$Ba_2NaNb_5O_{15}$,Te
	記録	電気光学効果	$LiNbO_3$,$Sr_{0.75}Ba_{0.25}Nb_2O_6$
		磁気光学効果	Feガーネット,オルソフェライト
		ホトクロミック効果	KBr,Kl,CaF_2,$SrTiO_3$,有機感光材料
	光伝送	光の透過・吸収・分散	SiO_2,NaCl,CaF_2,ダイヤモンド,Si,Ge
	検出(光電変換)	光電子放出	Cs-Sb-O,〔Ag〕-Cs_2-O-Cs,GaAs:Cs-GaP:Cs
		光導電効果	Ge,Si,(CdHg)Te,InSb,CdS
		光起電力効果	Si,GaAs,CdS-Cu_2S,CdTe

(InSb) やガリウムひ素（GaAs）のように，異種の金属が化合してできた金属化合物，あるいは金属のハロゲン化物，酸化物，硫化物などがある。現在用いられている主な半導体の種類，性質，用途を表2－22に示す。

（2） 半導体の精製

電気材料として用いられる半導体には，p形半導体とn形半導体がある。これらの多くは化学的精製により得られた半導体材料を物理的精製により高純度（例えばゲルマニウムの場合は10ナイン（99.999 999 99％）程度，けい素の場合は11～12ナイン程度）に精製したのち，三価又は五価の元素を不純物として少量加えることによって得られる。

ここでは，ゲルマニウムの精製例について述べる。

① 化学的精製

原鉱中の酸化ゲルマニウムを塩化物にし，これを加水分解して酸化ゲルマニウム（白色の粉末）を生成し，これに水素ガスを通じて電気炉中で還元する。さらに温度を約1 000℃に上げて，溶かしてから徐々に冷やすと，純度5～6ナイン程度のゲルマニウムの多結晶が得られる。この化学的精製で得られた多結晶は，半導体材料としては純度が低すぎるので，さらに物理的精製を行う。

② 物理的精製

この精製には偏析法とゾーン精製法があるが，普通はゾーン精製法が用いられる。

ゾーン精製法は，偏析法の欠点を改善するために考えられた方法である。この精製法は，化学的に精製されたゲルマニウム棒を入れたグラファイト製ボートを透明石英管の内部に図2－36のように置き，材料の酸化を防止するため水素とアルゴンの不活性混合ガスを通しながら，石英管の周りに設置したいくつかの加熱装置で加熱する。ゲルマニウム棒は，加熱装置の直下にある部分（図の斜線部分）だけが溶け，ボートを静かに左側へ移動させると，ゲルマニウムの融解部分はしだいに右側へ移行し，不純物の大部分はゲルマニウム棒の右端に集まる。この操作を数回繰り返したのち最後に終端を切り捨てると，ゲルマニウム棒全体の80％以上が真性半導体に近いゲルマニウムになる。

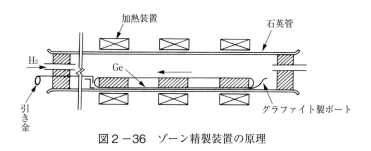

図2－36　ゾーン精製装置の原理

（3）pn接合の製法

pn接合とは，図2-37に示すように，一つの半導体単結晶のなかにp形の部分とn形の部分が接合しているときの接合部のことをいう。このpn接合は，p形半導体とn形半導体を単に機械的に接触させてつくるのではなく，一つの結晶のなかにつくられている。

pn接合の製法には，拡散法（図2-38），イオンインプランテーションあるいは合金法などがある。イオンインプランテーションは，イオン化した不純物（ドナー・アクセプタ）を加速して基板に打ち込む方法である。打ち込んだ不純物濃度が，基板の不純物濃度を超えると，形が変化し，pn接合が形成される。

これらの製法は，ダイオードやトランジスタの製法に応用されている。

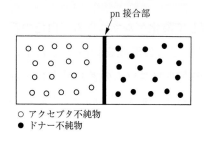

図2-37 pn接合

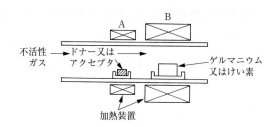

図2-38 拡散法によるpn接合の製作

第2章のまとめ

　導電材料とは比較的電流を流しやすい材料であり，この導電材料を導体材料，特殊導体材料，抵抗材料，半導体材料に分類して学んだ。

　金属に代表される導体材料は電流を流しやすい性質を利用した材料であり，その主な用途として電線について学んだ。特殊導体材料としては，電線以外の導体材料として接点材料，ヒューズ材料，ブラシ材料，ろう付材料について学んだ。抵抗材料は抵抗器や発熱体に用いられる材料であり，その種類や特徴について学んだ。半導体材料については，その基本的な性質，製造方法について学んだ。

第2章 練習問題

1．同じ材料からなる電線A，Bがある。電線Aの太さを変えないで，長さを2倍にしたものが電線Bである。電線Aの抵抗値が5Ωのとき，電線Bの抵抗値を求めよ。

2．ある電線の10℃のときの抵抗値が10Ωであった。この電線が30℃のときの抵抗値を求めよ。ただし，電線に使われている金属の抵抗の温度係数は0.004［1/℃］である。

3．7/1.6〔素線数（本）／素線直径（mm^2）〕で表される電線の公称断面積（mm^2）を求めよ。

4．接点材料としての目的は何か。

第3章
絶縁材料

　絶縁材料は電流をほとんど流さない材料の総称である。この絶縁材料は合成樹脂やセラミックスによって構成されている。

　この章では，まず絶縁材料の一般的な性質を説明し，次に絶縁材料を固体，液体，気体に分類しそれぞれの特徴を説明する。

第1節　絶縁材料の分類

この節では，絶縁材料の分類について説明する。

1.1　絶縁材料の分類

現在電気絶縁材料として使用されている物質は非常に多く，有機物から無機物にわたり，そのなかに天然物・合成物（人造）があり，形態的には，固体・液体・気体がある。材料の形態，材料の成り立ちから分類すると表3－1のようになる。

表3－1　絶縁材料の分類

分類			材料名	製品名
天然物	無機物及び有機物	固体	マイカ，大理石，硫黄	耐熱絶縁板，コンデンサ
		液体	鉱油，パラフィン，あまに油	絶縁油
		気体	空気，窒素	ガス絶縁
		繊維質	木材，パルプ，木綿，絹	絶縁紙，糸，布
		樹脂質	ロジン，セラック，ゴム	ワニス，コンパウンド，エボナイト
合成物（人造）	無機物及び有機物	固体	セラミックス，ガラス，合成マイカ	絶縁板，ボビン，コンデンサ
		液体	シリコン油	不燃性油
		気体	フロン，六ふっ化硫黄	ガス絶縁
		繊維質	ガラス繊維	糸，布
		繊維質	ナイロン，テトロン	糸，布
		樹脂質	フェノール，ビニル，エポキシ，シリコン，ポリエチレン	ベークライト，板，積層材，クロロプレン

第2節　絶縁材料の性質

この節では，絶縁材料の基本的な性質として，電気的性質，熱的性質，機械的性質，化学的性質について説明する。

2.1　電気的性質

a　絶縁破壊の強さが大きいこと

絶縁物に高い電圧を加えた場合，その内部又は表面に突然大きな電流が流れ，絶縁性が失われることがある。これを絶縁破壊といい，絶縁が破壊されたときの電圧を絶縁破壊電圧と呼ぶ。また，絶縁破壊電圧をその材料の厚さで割った値を絶縁破壊の強さといい，[kV/m]や[kV/mm]で表す。

絶縁材料としては絶縁破壊の強さの大きいことが要求される。また，どの程度の電圧に異常なく耐えられるかを表した値を絶縁耐力と呼ぶ。絶縁破壊の強さは，湿度，温度によって影響を受け，また材料が厚くなったり，周波数が高くなると減少する。

b　絶縁抵抗が大きいこと

どんな絶縁物でも完全な不導体ではなく，表面及び絶縁物内に漏れ電流が流れる。絶縁物のもつ抵抗を絶縁抵抗といい，普通その値が大きいので[MΩ]で表される。

絶縁物としてはできるだけ絶縁抵抗の大きいことが要求されるが，この値も湿度や温度によって著しく変化するので，吸湿性の少ないこと，熱の放散のためには熱伝導率や比熱の大きいことが必要である。

c　誘電損，誘電力率，比誘電率

図3−1に示すように材料の両端に交流を加えるとき，電圧をE，電流をIとすれば，絶縁体（誘電体）内に消費される電力Pは，$P = EI \cos\phi = EI \sin\delta$であり，これを誘電損とい

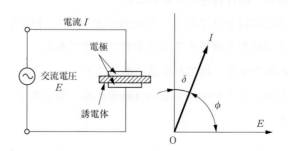

図3−1　誘電損のある場合の電圧と電流の関係

う。通常 δ は材料によって異なるが非常に小さい。この δ を誘電損角といい，tan δ （タンデルタ）を誘電力率又は誘電正接ともいい，普通は $2 \times 10^{-4} \sim 1\,000 \times 10^{-4}$ の値である。tan δ は誘電損の大小を示す目安となり，特に高電圧又は高周波に用いる絶縁物は誘電損の小さい（tan δ が小）ことが必要である。

また，誘電体の誘電率 ε と真空の誘電率 ε_0 との比を比誘電率 ε_s（$\varepsilon_s = \varepsilon/\varepsilon_0$，普通 $2 \sim 10$ である）という。コンデンサに用いる材料は比誘電率の大きいことが必要である。

d　アークに対し劣化しにくいこと

絶縁物の表面にアークが発生すると，劣化して表面に導電路が形成されるようになる。遮断器などアークが発生する箇所に用いられる絶縁材料は，アークにより劣化しにくいことが要求される。

2.2　熱的性質

a　耐熱性がよいこと

温度が上がると絶縁物の抵抗は減少するので漏れ電流が増加し，その電流によって熱が発生してさらに抵抗が減少し，ついには絶縁物として役立たなくなってしまう。つまり絶縁材料には，それぞれに許容温度がある。絶縁材料としてこの許容温度が高い，すなわち耐熱性のよいことが非常に大切である。

なお，固体絶縁材料なら軟化点，溶融点が高いこと，液体絶縁材料なら沸とう点，引火点が高いこと，凝固点，粘度が適当であることなどが必要である。

b　熱伝導率が大きいこと

絶縁材料は一般に熱の不良導体であるが，耐熱性とともに熱の放散のよしあしが電気機器の出力や大きさに非常に関係するので，熱伝導率の値は重要である。

2.3　機械的性質

a　引張強さ，圧縮強さ，曲げ強さが大きいこと

固体絶縁物は，絶縁のためばかりでなく，導電部を支えたり，固定したりする役割を兼ねさせる場合もあるので，電気機器を構成する上に非常に重要である。

b　もろくなく，たわみやすく，加工が容易であること

用途によっては適当な硬さやたわみ性あるいは耐摩耗性，加工性なども重要である。

c　多孔質でないこと

2.4 化学的性質

a 自然変化が少ないこと
b 耐水性，耐油性，耐薬品性があること

一般に化学的に安定であることは，材料の劣化を防ぐために非常に重要なことであり，耐水性，耐油性，耐酸性，耐アルカリ性，耐溶剤性などの諸性質が要求される。

2.5 許容温度と寿命

絶縁物の寿命はその温度によって強く影響されるので，絶縁物の種類に応じて許し得る温度すなわち許容温度がある。したがって，電気機器はこの許容温度以下で運転されなければならない。

表3－2に電気機器について定められた耐熱クラスと許容最高温度を示す。これまで電気機器にはクラスAあるいはクラスBが主に用いられてきたが，新しい耐熱材料の出現によってクラスAに代わりクラスEあるいはクラスBが，またクラスBに代わりクラスFあるいはクラスHが用いられ，機器が小形化されるようになってきた。

次に絶縁材料の使用温度と絶縁物としての性能を失う時間（寿命）との関係を図3－2に示す。これは一般にクラスAは8℃，クラスBは10℃，クラスHは12℃，温度が上がるごとに寿命が半減するといわれている。

表3－2　電気絶縁システムの耐熱クラス（JEC 6147：2010）

耐熱クラス	記　号	耐熱クラス	記　号
90	Y	180	H
105	A	200	N
120	E	220	R
130	B	250	－
155	F		

（注）1. 耐熱クラスは，電気製品の電気絶縁システムにおいて，その電気製品を定格で連続して一定時間運転したときに許容できる最高温度（℃）を基にして定めた数値。
　　2. 250℃を超える耐熱クラスは，25℃ずつの区切りで増加し，それに応じて指定する。

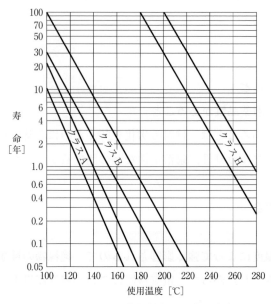

図3-2　絶縁材料の温度と寿命

2.6　劣化とその原因

　絶縁材料の劣化は，有機化合物によるもののほうが比較的劣化しやすく，その原因は，次のようなものである。
　① 高温度による劣化
　この劣化は絶縁体が高温度に長時間さらされた場合に生じるもので，最も一般的で起こりやすい劣化である。
　② 湿気による劣化
　この劣化は特に水分を吸着しやすい材料の場合に起こりやすい劣化で，表面漏れ電流の原因となったり，絶縁耐力，誘電損にも影響を与える。
　③ 放電による劣化
　主に炭素を組成とした高分子材料に起こりやすい劣化で，アークやコロナ放電によって炭化し，絶縁性が失われたり侵食したりするものである。
　④ 化学薬品による劣化
　酸，アルカリその他の化学薬品などにより劣化するものである。
　⑤ 微生物による劣化
　微生物といっても主としてかびを指すが，特に金属やプラスチックを侵食するものが劣化の原因となる。

⑥ 屋外使用による劣化

　電線の被覆材料や絶縁材料などのように絶縁体を屋外に置いた場合に生ずる劣化で，主として紫外線や空気中の酸素，風，雨などが相乗的に作用することにより生ずる劣化である。

　このような劣化は，絶縁材料の選定上や保守上の不備によって影響を受けるので，絶縁材料を用いる場合，適材適所という観点から，材料の選定を十分に行うとともに，劣化防止の方策や保守を行う必要がある。

第3節　固体材料

この節では，固体の絶縁材料を無機絶縁材料，繊維質絶縁材料，樹脂系絶縁材料などに分類し，それぞれの絶縁材料の特徴について説明する。

3.1　固体絶縁材料の分類

固体絶縁材料は，一般に図3－3にのように分類される。

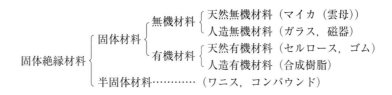

図3－3　固体絶縁材料の分類

　無機材料は，マイカ（雲母），ガラス，磁器のような鉱物質のものが多くて，耐熱性がよく電気的特性も優れているが，もろかったり，単独では電気機器の絶縁作業が困難であるなどの欠点がある。一方，有機材料は紙，布，木，合成樹脂などであり，加工しやすく作業しやすいが，耐熱性に乏しく，機械的強度も大きくないなどの欠点がある。

　ゆえに電気機器の絶縁には，これから述べる無機材料と有機材料の長所を取り入れ，短所を補うようにして用いられている。

3.2　無機絶縁材料

（1）マイカ（雲母）

　マイカは非常に薄く（0.001～0.0001mm）はがすことができ，しなやかで化学的変化を起こさず，耐熱性もよく，アークにさらされても焼け跡を残さないなどの優れた性質をもっており，非常に重要な絶縁材料である。絶縁材料として用いられるのは白雲母と金雲母で，硬さにより硬質マイカ，軟質マイカとも呼ばれる。マイカの主な性質を表3－3に示す。

a　硬質マイカ（白雲母）

　白雲母はインド，ブラジルで産出され，無色透明であるが，不純物によって多少緑色や黄色味を帯びている。電気的性質は軟質マイカ（金雲母）より優れ，特に誘電損が小さい。耐熱性

表3－3　マイカの主な性質

種類 ＼ 性質	硬質マイカ（白雲母）	軟質マイカ（金雲母）
組成	$H_2KAl_3(SiO_4)_3$	$KH(MgF)_3Mg_3Al(SiO_4)_3$
色	無色透明	あわい黄金色
最高使用温度 ［℃］	550	800
体積抵抗率 ρ_v ［Ω・m］（常温）	$10^{12} \sim 10^{13}$	$10^{11} \sim 10^{13}$
絶縁破壊の強さ ［kV/mm］（厚さ0.05～0.1 mm）	90～120	80～100
比誘電率 ε_γ ［1 MHz］	6～8	5～6
誘電正接 $\tan \delta$（$\times 10^{-4}$）［1 MHz］	1～50	50～500

では少し劣るが，化学的には安定していて，硫酸や塩酸にも溶けない。絶縁材料として整流子片やマイカコンデンサに用いられる。

b　軟質マイカ（金雲母）

こはくマイカとも呼ばれ，カナダ，朝鮮半島で産出され，光沢が少なく，化学的には不安定で，塩酸に少し侵され，熱，濃硫酸に溶ける。しかし，耐熱性は硬質マイカ（白雲母）より優れ，主として電気炉，電熱器や真空管，電球の内部の支持物，絶縁板などの耐熱性を必要とする部分に用いられる。

（2）マイカ製品の用途

マイカはそのままでも絶縁物として用いられるが，大きなものが天然に産出しないので，通常0.01 mmの厚さにはがし，セラック，グリプタール，シリコンなどの接着剤で張り合わせ，適度に加熱圧縮して板状につくる。これをマイカ板という。

a　フレキシブルマイカ（JIS C 2255：2015）

紙や布などの補強材を使わず，はがしマイカだけを室温で可とう性のある接着剤（20％）で張り合わせた柔軟なマイカである。

b　マイカシート類（JIS C 2255：2015）

マイカ紙は，はがしマイカをすき間のないように並べ，片側又は両側に薄い和紙を張ったもので平角銅線，コイル，鉄心などの絶縁に広く用いられる。

ガラスマイカはガラス布にはがしマイカを接着剤で張ったもので，両面ガラスと片面ガラスがある。用いる接着剤によりB種，F種，H種があり，マイカ紙と同様の用途に用いられる。

マイカテープには紙マイカテープ，シルクマイカテープ，ガラスマイカテープがあり，テーピング作業に用いる。

（3）磁器

一つあるいは二つ以上の金属酸化物を成形して加熱し，徐冷した多結晶質の固体を陶磁器と

いう。陶磁器は窯業製品で，一般にセラミックス（ceramics）ともいわれ，後述のガラスとともに人造無機固体絶縁材料の代表的なものである。さらに，原料及び焼成温度などによって，磁器，石（炻）器，陶器，土器に分類される。このうち，一般に絶縁材料として用いられるのは1 300℃以上の高い温度で焼成する磁器で，焼成温度の低い陶器は電熱器の熱板などに用いられるだけである。

磁器は白色素地で，吸水性がなく，化学的に安定でふっ化水素以外には侵されず，耐熱性で硬く，絶縁耐力が大きい。しかし，もろくて加工性に乏しく，温度の急変によって割れやすい。表3－4に各種磁器の特性を示す。

表3－4　各種磁器の特性

特性＼種類	長石磁器（湿式製法）	マグネシア磁器（ステアタイト）	アルミナ磁器	酸化チタン磁器（ルチル質）	チタン酸マグネシウム磁器	チタン酸バリウム磁器
比重	2.3〜2.5	2.6〜2.8	3.1〜3.9	3.5〜3.9	3.1〜3.2	4.7〜5.4
線膨張率 [$\times 10^{-6}$] $\deg^{-1}$	3.0〜4.5	6.2〜7.8	8.5〜8.3	6.0〜8.0	6.0〜10	－
圧縮強さ [N/mm^2]	294〜441	882〜980	549〜3 920	294〜882	490〜588	－
軟化温度又は安全使用温度 [℃]	1 500〜1 600	1 400	1 350〜1 700	1 500	－	－
体積抵抗率（常温）[Ω・m（400℃）]	10^{12}以上 10^3〜10^4	10^{12} 10^7	10^5〜10^9	10^{12} 10^5	10^{10}〜10^{11} 10^6〜10^7	10^9
比誘電率（50 Hz）	5.0〜6.5	5.6〜6.5	8〜9（1 Mc）	30〜80	12〜16	1 000〜4 000（1 Mc）
誘電正接（50 Hz）[$\times 10^{-4}$]（1〜10 Mc）	170〜250 70〜120	10〜15 3〜5	1〜20	3〜20	0.5〜3.0	500〜300（1 Mc）
絶縁破壊の強さ [kV/mm]（50 Hz）	34〜38	35〜45	10〜16	10〜20	10〜20	4〜10

a　普通磁器

最も多く用いられている磁器で，長石を使用しているので長石磁器ともいわれる。これは絶縁性がよく，機械的強度も大きく，化学的に安定で風化作用に耐え，値段も安いので電気絶縁材料として電気機器，送配電線及び屋内配線などのがいし，がい管，ブッシングなどに用いられている。しかし，高温では電気的性質が悪くなり，温度の急変でひび割れが生じやすく，誘電正接が大きいので，高温になる場所や高周波の絶縁には不適当である。

b　マグネシア磁器

マグネシア（MgO）を主成分とした磁器で，原料により種々のものがあるが，その代表的なものにステアタイト磁器（滑石磁器）がある。白色で材質が硬く，焼縮みが少ないので仕上がり寸法が正確にでき，相当複雑な形のものをつくることができる。絶縁性がよく，特に誘電

正接[(1)]が小さくて高周波絶縁に適し，また高温でも電気性質が比較的悪くならない長所がある。真空管のソケット，高周波コイルのボビン，真空管やブラウン管の内部の電極支持物あるいは同軸ケーブルの絶縁などに最も多く用いられる。

c　アルミナ磁器

融点の高い（約2 050℃）純粋なアルミナ（Al_2O_3）粉末を適当な方法で成形し，約1 800℃で焼結したものである。これは耐熱性に優れ，化学的に安定で，機械的強さが大きいばかりでなく，特に高温でも絶縁性がよい。内燃機関の点火栓用がいしや熱電対の保護管，電子部品用基板，電子管スペーサなどに用いられる。

d　酸化チタン磁器

酸化チタン磁器は黄色でち密で硬く，吸水性がない。比誘電率の温度変化が大きく，温度が上昇すると減少する。また，誘電正接は高周波で小さく，低周波で大きくなる傾向がある。これに電極を付けた固定コンデンサを一般にチタコンと呼んでいる。

また，通信機器用コンデンサとして用いるときは，低周波及び高温における誘電正接の大きい欠点を改善するために，これに酸化ジルコニウムを加える。

e　チタン酸マグネシウム磁器

酸化チタン磁器にシリカ（SiO_2），マグネシア（MgO），アルミナ（Al_2O_3）など比誘電率の温度係数を正とする原料を加え，温度係数を0に近く小さくしたものである。比誘電率，誘電正接が小さく，発振器用コンデンサの誘電体として利用されている。

f　チタン酸バリウム磁器

チタン酸バリウムの結晶からなるもので，比誘電率の温度変化が大きく，誘電正接がやや大きいために，バイパスコンデンサその他の特殊用途に限られている。また，この磁器には圧電効果があるので，ピックアップの音響素子に用いられている。

g　陶　　器

電熱器用熱板，ボビン，熱線支えなどに用いられる電熱用陶器は，長石磁器などと同じ材料を主成分としてガラス質を少なくし，特にうわぐすりは用いないで高温で焼成したもので，急熱急冷に耐え，高温における絶縁性が比較的高い。しかし，多孔質で湿気を吸いやすく，機械的な強度は磁器に比べてはるかに劣っている。

h　ガラスセラミックス

ある種の酸化物を普通のガラスと同様の製造法で混合溶融し，その高粘性を用いて成形する。これを再び加熱し，ガラス中に微細な結晶を析出させて磁器化したものをガラスセラミックスといい，ガラスと磁器の中間の性質をもつ。耐熱性，機械的性質，電気的性質に優れ，製品の表面は平滑でガラス状の光沢をもち硬度も大きく，集積回路の基板，発熱体用部品などに

---

(1)　誘電正接とは，誘電体内での電気エネルギーの損失の度合いを表す数値のことである。

用いられる。

　i　ファインセラミックス（ニューセラミックス）

　セラミックスというと前述のように陶磁器で，今までは金属酸化物を主体とした無機質絶縁材料として扱われてきた。しかし，SiC，BN，ZrB_2なども非酸化物系セラミックスといわれ，新しい酸化物系のもの（ZrO_2）と併せてファインセラミックスと呼ばれている。

　これらの新しいセラミックスは，耐熱性，熱伝導性が高く，高強度でまた温度，ガス，イオン，光などに対するセンサ機能をもっているため，多くの応用が考えられている。

　例えばSiC（炭化けい素）については，本来，非金属抵抗材料であるが，少量の添加物を加えることにより改質され，高絶縁性，高熱伝導率及び熱膨張係数の低い材料となり，IC基板や耐熱壁として用いられている。

（4）ガ　ラ　ス

　ガラスは，一般に透明で，絶縁性，耐熱性もよく，化学的に安定で，いろいろな形に製造することができる。しかし，機械加工が難しく，もろい欠点がある。ガラスはアルカリ分（Na_2O）を多くするほど融点が低く製造は容易になるが，吸湿性，絶縁性，耐熱性，耐薬品性が劣る。そのため，絶縁材料に用いられるガラスは，できるだけアルカリ成分を少なくし，また加工がしやすいように，無水ほう酸（B_2O_2）や酸化鉛（PbO）などの成分を加えて軟化温度を下げている（表3－5）。

表3－5　各種ガラスの特性

性　　質	ソーダ石灰ガラス	鉛ガラス	ほうけい酸ガラス	石英ガラス
比　重	2.4～2.8	2.8～3.7	2.2～2.3	2.1～2.2
引張強さ　[N/mm^2]×10^4	1 372～3 430	2 058～4 116	1 470～2 499	5 488
圧縮強さ　[N/mm^2]×10^4	6 860～13 720	4 116～7 056	12 740～19 600	13 720
弾性係数　[kg/mm^2]	6 500	6 500	6 200	7 100
硬　さ　[モース]	5	5	5	5
線膨張係数　[10^{-6}/℃]	8～9	8～9	3.2～3.6	0.54
比　熱　×10^2 [J/kg・k]	6.72	5.04	8.40	8.40
軟化温度　[℃]	350～600	400～600	550～700	1 300
体積抵抗率　[×$10^2 \Omega \cdot m$]	>10^{11}	>10^{11}	>10^{13}	10^{14}～10^{17}
比誘電率　[1～10 MHz]	6～8	7～10	4.5～5.0	3.5～4.5
誘電正接　×10^{-4} [1～10 MHz]	100	5～40	15～35	1～3
絶縁耐力　[kV/mm]	5～20	5～20	20～35	25～40

a　ソーダ石灰ガラス（クラウンガラス）

　このガラスは，アルカリ成分を多く含んでいるので，絶縁材料としては不適当であるが，軟

化温度が低くて加工しやすく,価格も安いので電球などに用いられる。

b　鉛ガラス(フリントガラス)

このガラスは,アルカリ成分を少なくして,代わりに酸化鉛を入れて軟化温度を低くしている。比誘電率は少し大きいが,誘電正接は小さい。環境保護のために代替材料の使用が進み,鉛の使用はほとんどなくなった。

c　ほうけい酸ガラス

このガラスは,アルカリ成分を少なくして,無水ほう酸を加えたものである。他のガラスに比べて体積抵抗率が大きく,絶縁耐力が高く,誘電正接も小さい。また,機械的強さが大きく,熱膨張率が小さいので,温度の急変に耐え,化学的にも安定している。高周波のがいし,支持台,真空管材料として用いられる。

d　ほう酸鉛ガラス

このガラスは,軟化温度の低いガラスで,無水ほう酸,酸化鉛などを含んでいる。マイカレックスをつくるときに用いられる。

e　石英ガラス(溶融石英,溶融水晶)

このガラスは,アルカリ成分を含んでいないので,絶縁性に優れ,体積抵抗率が高く,誘電損も少ない。また,熱膨張率が非常に小さいので温度の急変に耐え,化学的にも安定している。しかし,軟化温度が高くて加工が難しいので,価格が高い。熱電対の保護管,水銀灯,高周波絶縁物などの特殊な用途に用いられる。

f　ガラス繊維

ガラスを細い繊維にしたもので,長い繊維は糸のままあるいはテープや布に織って絶縁や電線の被覆に,短い繊維は主として断熱材に用いられる。絶縁材料にはアルカリ成分の少ないガラス繊維が用いられ,繊維1本の太さは,$6 \sim 7 \mu m$程度である。

耐熱性で絶縁性や化学的安定性がよく,引張強さも大きい。しかし,より糸にしたものは吸湿性が大きく,繊維が切れやすい欠点があるので,耐熱性絶縁塗料やコンパウンドで固める必要がある。したがって電気的性質は,塗料やコンパウンドの性質によって大いに影響を受ける。近年発達したシリコン樹脂とガラス繊維を組み合わせると耐熱性が特に優れるので,H種絶縁として回転機や乾式変圧器の巻線の絶縁などに用いられる。これらの機器は,温度上昇限度を高く設計できるので,同一寸法で大きな出力を得ることができる。ガラス繊維製品の用途を表3-6に示す。

表3-6 ガラス繊維製品の用途

材料別	摘要	応用製品	用途
ガラス糸	5～7μm,だいたい20～80#綿糸入りの場合もある	ガラス巻きマグネット・ワイヤ	マグネット・ワイヤの被覆
ガラスひも	0.4～4 mm,長繊維20#特殊樹脂処理して使用することもある	処理ひも(ネオプレンなど)	B種絶縁モータ整流子リード,緊帯,コイル絶縁
スリーブとチューブ	長繊維5～10#ヤーン使用 内径1～13 mm 厚さ0.2 mm程度	処理スリーブ,チューブ	電線の絶縁,モータ・リード,コイル・リードの絶縁
テープ	厚さ0.05～0.38 mm 幅13～50 mm 長繊維10～200# 織り方種々あり	処理テープ	フィールド・マグネット・コイル,リアクタ・コイル,回転子コイル,H種トランス・コイル,スロット・セル補強
クロス	厚さ0.03～0.04 mm 長繊維20～300#ヤーン使用 又は短繊維織り方種々あり	処理ガラス・クロス,ガラス・シリコン積層品(管,棒,板),フェノール樹脂積層,ポリエステル積層品	積層品の補強 蓄電器セパレータ 絶縁セパレータB種 H種絶縁
マット	厚さ12.7～25.4 mm	マット使用のプラスチック品	積層品補強 ヒータ・コイル絶縁
その他	アスベストなどと混合フィラ,混合糸など		

3.3 繊維質絶縁材料

(1) 紙

紙には和紙(日本紙),洋紙(西洋紙)があり,製紙方法としては機械すき及び手すきがある。和紙はこうぞ,みつまた,がんぴを主原料として,これにマニラ麻,ジュート,パルプなどが補助原料に用いられる。絶縁材料としてはみつまたを主原料としたものが用いられる。

(2) 絶縁紙

絶縁紙としては,普通の紙で用いる結着剤,光沢剤,着色剤などはできるだけ使わずに,なるべく純粋な繊維でつくられたものを用いる。これは,絶縁紙が吸湿性で,通常状態でもかなりの水分(空気中で約8％)を含有しており,その上に,不純物が入ると絶縁抵抗や絶縁耐力が非常に低下するためである。したがって,十分乾燥して使用し,さらに絶縁油などを含浸させて使用する場合が多い(表3-7)。

a 絶縁薄紙

絶縁薄紙はみつまた,マニラ麻が用いられ,薄くて縦方向の引張強さが大きいのが特徴である。紙巻被覆線,ワニスペーパ,ゴム被覆電線,マイカ紙,電気鉄板絶縁用紙などに用いられる。なお,マイカ紙用は厚さ0.025 mm程度,電線被覆用,ワニスペーパ用は0.03～0.05 mmの

表3-7 主な絶縁紙

名　称 規　格	公称厚さ [mm]	絶縁破壊の強さ [kV/mm]		種別 記号	用　途	
		最小	平均			
絶縁薄紙 JIS C 2300-1：2010 JIS C 2300-3-1：2010	0.02～0.06	－	6.0以上	PT 1 PT 2	電線被覆用，マイカ紙用，ワニスペーパー用	
コイル絶縁紙 JIS C 2300-1：2010 JIS C 2300-3-1：2010	0.05～0.25	4.0以上	5.5以上	PI 1	マニラ紙，クラフト紙，エキスプレス紙	紙巻線用，ケーブル用，コンデンサ用，コイル絶縁用，スロット絶縁用
	0.05～0.38	4.0以上	5.5以上	PI 2		
プレスボード JIS C 2305-1：2010 JIS C 2305-3-1：2010	0.5	6.5以上	9.0以上	1種 (PB 1)	変圧器絶縁用 コイル間絶縁用 スロット絶縁用	
	0.8～2.5	5.0以上	7.0以上			
	3.0～13	4.0以上	6.0以上			
	0.5	6.5以上	9.0以上	2種 (PB 2)		
	0.8～2.5	5.0以上	7.0以上			
	3.0～13	4.0以上	6.0以上			
バルカナイズドファイバ JIS C 2315-1：2010 JIS C 2315-3-1：2010	0.8～12	9.0以上	－	VFA	くさび，コイル支持絶縁	

ものが用いられる。

b　コイル絶縁紙

　コイル絶縁紙は機械的強さが大きく，絶縁性，耐熱性が他の絶縁紙に比べて優れている。コイル絶縁紙にはマニラ麻を原料としたマニラ紙，レッドロープ紙，サルフェートパルプを原料としたクラフト紙，木綿，ケミカルウッドパルプを原料としたエキスプレス紙がある。

　マニラ紙は，耐圧や引張強さが大きいので，機械的強さを要求される。一般に電力用ケーブルの絶縁紙に用いられる。

　クラフト紙は，機械的強さが大きく，他の絶縁紙に比べて耐熱性，絶縁性が優れているので，多く用いられている。厚さは0.05～0.1mmで，これに絶縁油を含浸して電力用ケーブルやコンデンサ用に利用される。また，機器用にはセラックやワニスを含浸させて，ワニス紙として用いられる。

　マニラ／クラフト混抄紙は，電線被覆，回転機のスロットの絶縁に用いられる。

(3) 絶縁板紙

絶縁板紙は，特殊な方法で厚くすいた紙で，プレスボード（プレスパン，フラボードともいう）やファイバがある。

a プレスボード

プレスボードは，木綿，サルファイトパルプ（クラフトパルプ）をすいた紙を積み重ねて強圧し，乾燥してロールで仕上げたものである。木綿を用いたものではたわみ性があるが，サルファイトパルプが含まれるとたわみ性は減少する。プレスボードは吸湿性があるので，通常よく乾燥したものにワニスや絶縁油を含浸して使用する。主として変圧器のコイル絶縁や対地絶縁，保護被覆材料，回転機のコイル絶縁，間隔片，油入りブッシング中の隔壁などに用いられる。

b ファイバ

ファイバはバルカナイズドファイバの略称で，木綿又はサルファイトパルプを原料として，塩化亜鉛などの液で処理したのちに水洗，乾燥し，強圧して板，棒，管などに仕上げたものである。加工が容易で，機械的に強い長所に対して，吸湿性が大きく，耐熱性も劣る。また，温度とともにもろくなって180℃で炭化し始める欠点がある。しかし，耐アーク性があるので，ヒューズの保護筒や遮断器などに用いられる。

(4) 絶縁布

a 綿布と絹布

綿布（キャラコ，金巾（かなきん），ズック，キャンバス）と絹布（羽二重）は，Y種，A種絶縁材料として，次に述べるワニスクロスやテープの素材に用いられるほか，ごみよけ，保護絶縁としてコイルの被覆に用いられる。また造形品や積層品の基材にも用いられる。

b 絶縁テープ

(a) ホワイトテープ

綿糸を織り，テープ状にしたもので，コイルや導電部のテープ巻きに広く用いられる。

(b) ブラックテープ

綿テープに黒色のゴム混和物を含浸したもので，粘着性があり，導線の接続部のテープ巻きに用いられる。

(c) ワニスクロステープ，ワニスシルクテープ

ワニスクロスをテープ状にしたものがワニスクロステープである。なお，布を37°の角度に切断してテープ状にしたものをワニスバイアステープといい，伸びが大きくコイル巻きに適する。別名リノテープとも呼ばれている。また，ワニスシルクをテープ状にしたものがワニスシルクテープで，バイアス状になっていないが伸びは大きい。

(d) ワニスガラステープ，シリコンガラステープ

ワニスガラスクロスをテープ状にしたものがワニスガラステープで，シリコンガラスクロスをテープ状にしたものがシリコンガラステープである。

なお，最近は，合成樹脂繊維で織ったクロスやテープ，例えば，ビニロンテープ，ポリエステルテープ（テトロンテープ）なども用いられる。

(e) スリーブ

その他口出線にかぶせるいろいろな色のスリーブがあり，綿，絹，ガラス繊維，合成樹脂繊維などが用いられる。同様の目的で合成樹脂製のチューブも用いられる。

(5) 木　　材

電気機器の絶縁支持物や間隔片としては，一般に堅木と呼ばれるさくら，かし，かえで，チークなどち密な材質のものが用いられる。吸湿による絶縁低下を防ぐため，パラフィンを含浸したり，油で煮たりする。

配電線用電柱としては，すぎ，ひのき，とどまつ，えぞまつなどが用いられ，また，けやき，ならなどは腕木用として用いられる。

木材には腐朽菌に対する毒性物質である防腐剤を用いる。これはクレオソート，低温タール，木タール，硫酸銅，塩化亜鉛，昇こうなどのほか，ふっ化ナトリウム（マレニット）を主剤とした混合剤を使用する。

3.4　樹脂系絶縁材料

(1) 天 然 樹 脂

樹脂類は一般に可塑性があり，電気絶縁性に富むため，絶縁塗料，コンパウンド，紙ケーブル含浸用，固形混和物，造形品，こう着剤などに用いられる。

　a　ロ ジ ン（コロホニ，洋チャン）

ロジンは松やにを水蒸気とともに蒸留してテレビン油を取った残りの淡黄色の固体で，アメリカ，フランス，ロシアなどに多く産する。アルコール，ガソリンなどによく溶け，80℃前後で軟化する。樹脂のなかで最も安価で，ワニス又はコンパウンドなどの原料として広く用いられる。

　b　コ ー パ ル

コーパルは，もと東アフリカに産する樹脂の化石であったが，最近は化石に限らず，やや硬質の樹脂に対する名称になっている。ボイル油に溶かしてワニスとし，硬度の差で硬質，半硬質，軟質コーパルなどと呼ばれている。

c こ は く（琥珀）

こはくは，ロシアなどに産する硬質の化石化した樹脂で装飾用に用いられ，ワニス材としても高級ワニスが得られる。絶縁抵抗が非常に大きく，特に表面抵抗率は10^{13}〜10^{14}Ω·mで，湿度が高くなっても絶縁があまり低下しない。精密な測定器の端子の絶縁などに用いられることもある。

d セラック

セラックは，インド，タイなど熱帯地方の樹木に寄生するラック虫が分泌する樹脂で，電気的性質がよく，精製法によりボタンラック，ガーネットラックなどがある。アルコールに溶かしてラックワニスとし，絶縁材料のこう着剤に用いられる。接着性がよいので，マイカ（雲母）を張り合わせて，マイカナイトをつくるのにも用いられる。

e その他の樹脂

ダマンは東南アジアに産するある種の樹脂，マスチックは地中海のチオス島に産する漆科の樹脂，サンダラックは南アフリカに産する樹脂である。

（2）合成樹脂（プラスチック）

合成樹脂については「第1章」で述べたので，ここでは，合成樹脂の絶縁の種別について列挙する。

a 熱硬化性樹脂

(a) フェノール樹脂（ベークライト）

成形品に使用，A〜B種絶縁。

(b) 尿素樹脂（ユリア樹脂）

外装構造品に使用，Y種絶縁。

(c) ポリエステル樹脂（商品名にマイラーやテトロンがある）

コンデンサ，電線塗料に使用，A〜B種絶縁。

(d) エポキシ樹脂

電気部品の埋込み成形，接着剤に使用，E〜B種絶縁。

(e) メラミン樹脂

電気器具，配電盤に使用，E〜B種絶縁。

(f) シリコン樹脂

電線の被覆，塗料，パッキングなどに使用，H種絶縁。

b．熱可塑性樹脂

(a) 塩化ビニル樹脂

電線の被覆，電線管などに使用，Y種絶縁。

(b) ポリスチレン

高周波絶縁物に使用，Y種絶縁。

(c) ポリエチレン

高周波ケーブルの絶縁材料に使用，Y種絶縁。

(d) ポリビニルホルマール樹脂

エナメル線塗料に使用，A種絶縁。

(e) ふっ素樹脂

通信機，精密測定器の絶縁に使用，C種絶縁。

電線被覆，電気機器の絶縁に使用，B種絶縁。

3.5　ゴム系絶縁材料

(1) 天然ゴム（生ゴム）

天然ゴムは熱帯地方に産するゴム樹液（ラテックス）を凝固させたもので，その成分はイソプレン（C_5H_8）の重合したものであるが，生ゴムのままでは性質が不安定でほとんど使用できない。生ゴムに硫黄粉末を混和して加熱するか，塩化硫黄（SCl_2）で処理すると，はじめて性質が安定する。

a　加硫ゴム

生ゴムに3％以下の硫黄，加硫促進剤，補強剤，軟化剤，増量剤，酸化防止剤などを加え，約140℃で加熱すると加硫ゴムになる。加硫ゴムは弾力性に富み，機械的性質，電気的性質に優れている。可燃性で，約300℃で分解し，油を吸収して体積が増すと引張強さが減少する。また，空気中では酸素によって徐々に酸化し，オゾンによって急速にひび割れを生じてもろくなる。電線の被覆，絶縁テープ，ゴム手袋その他の造形絶縁物に用いられる。

b　硬質ゴム（エボナイト）

生ゴムに約30〜70％の硫黄を配合したものである。一般に強じんで酸，アルカリに耐え，電気的性質も優れているが，耐熱性，耐油性に乏しく，100℃以上の温度では使用することができない。エボナイトは板状，棒状，管状その他の絶縁物としてコイルのボビンなどに用いられてきたが，近年，合成樹脂の進歩に伴い，その用途は狭められつつある。

c　ゴム誘導体

ゴムを熱濃硫酸で処理するとゴム分子構造が環状となる。この種のゴムは鉛管共用の被覆に，また，ゴムを塩素で処理した塩化ゴムは耐酸，耐アルカリ，耐塩化物性に富み，海底電線，特殊絶縁塗料などに用いられる。

d　ゴム類似品

ゴムと同様，イソプレンを主成分とするが，その構造が異なるものにガッタパーチャやバラ

タがある。これは水中でも堅ろうで絶縁性がよいので海底電線用に用いられる。

(2) 合成ゴム

合成ゴムの製造は，第二次大戦中ドイツでブタジエン（$CH_2=CH\cdot CH=CH_2$）を重合してつくったブナSが最初である。はじめは天然ゴムの代用品の製造が目的であったが，その後各種の製品がつくられ，それらが天然品に勝る特性を備えているため，特に絶縁材料として広く利用されている。

a　スチレンブタジエンゴム

スチレン（$C_6H_5\cdot C=CH$）78％，ブタジエン22％の共重合製品である。このゴムは天然ゴムに比べ，やや加工性と引張強さが劣るが，絶縁材料としてその他の性質が優れ，天然品と併用することもでき，価格も比較的安価である。

b　ブチルゴム

イソブチレンに1～4％のイソプレン（C_5H_8）を共重合させたもので，ガス透過性が小さく，化学的に安定で耐水性に優れ，絶縁性，耐コロナ性，耐オゾン性もよい。高電圧ケーブルの絶縁として用いられるほか，変成器などの巻線の絶縁に用いられる。

c　クロロプレンゴム

一名ネオプレンの名で呼ばれ，クロロプレンの重合体（$((CH_2=C\cdot Cl\cdot CH=CH_2)_n)$）である。耐老化性，耐薬品性，耐溶剤性，耐油性，耐水性，耐熱性，耐燃性（80～150℃で変化しない），また機械的性能にも優れているが，絶縁性は天然ゴムにやや劣る。高電圧ケーブル，ネオンサイン用電線の外装，テレビ用ブラウン管の高圧カバーなどに用いられるが，誘電率がやや大きいので，高周波通信線には不適当である。

d　シリコンゴム

シリコン樹脂を主体としたゴムで，−60～250℃の広い温度範囲で弾性を示す。耐劣化性，耐コロナ性に優れ，絶縁性もよい。高温で使用されるケーブルの絶縁に適している。

各種ゴムの性能を表3−8に示す。

表3−8　各種ゴムの性能一覧表

材料 性能	ゴム				
	天然ゴム	スチレンブタジエンゴム	ブチルゴム	シリコンゴム	クロロプレンゴム
用途	絶縁	絶縁	絶縁	絶縁	シース
短時間破壊電圧　[kV/mm]	20〜28	20〜25	22〜30	15〜20	10〜25
体積抵抗率　[Ω・m]	10^{13}	$10^{10} \sim 10^{12}$	$10^{13} \sim 10^{14}$	$10^{12} \sim 10^{13}$	10^{6}
誘電率　[ε]	3.5〜4.0	3.5〜5.0	2〜5	3〜5	8〜10
誘電正接　[$\tan\delta$ %]	＜3	＜5	＜5	＜4	＜15
耐オゾン性	不良	不良	良	良	良
線心連続許容温度　[℃]	60	70	75	150〜200	75
瞬間最高許容温度　[℃]	200〜250	200〜250	200〜250	300	300
吸水，透水性	可	良	良	可	良
引張強さ　[N/mm^2]	7.8〜12.7	3.9〜7.8	3.9〜7.8	3.9〜5.9	11.8〜15.7
伸長率　[％]	300〜500	400〜650	450〜800	100〜200	400〜600
耐燃性	不可	不可	不可	良	良
屈曲性	優	優	優	良	優
耐寒性　[℃]	−55	−50	−50	−55	−40
耐候性	可	可	良	良	優
耐油性	不可	不可	不可	可	良
耐水性	可	可	良	可	良
比重	1.2〜1.5	1.2〜1.5	1.2〜1.5	1.2〜1.5	1.0〜1.4

3.6　ワニス及びコンパウンド

(1) ワニス

ワニスは，油又は樹脂（天然若しくは人造）を主成分とし，これを溶剤に溶かしたもので，塗りつけた後は溶剤の蒸発又は油の酸化，樹脂の重合などによって固化するものである。

a　自然乾燥ワニス

常温の大気中で，30分〜数時間で乾燥する性質をもつもので，セラックなどの天然樹脂とか，熱可塑性の人造樹脂をアルコールなどの溶剤に溶かしたものや，乾燥性植物油に樹脂又はアスファルトを加えたものが多い。用途としては，仕上げ用，含浸用，鉄心絶縁用，張付け用などがある。このワニスは，一般に耐熱性，絶縁耐力，機械的性質は加熱乾燥ワニスより劣るので，主に加熱することのできない部分の絶縁に用いられる。

b　加熱乾燥ワニス

加熱することを必要とするワニスであって，120〜200℃に数時間保持することを要するので，焼付けワニスとも呼ばれている。場合によっては300℃程度の温度で比較的短時間に焼き付けることもある。アスファルトを主成分としたものと，樹脂を主成分にしたものとがある。

アスファルトを主成分としたものは，乾性油にアスファルトを加えたもので，耐水性，耐薬品性に優れ，金属や繊維類を侵さないが，耐油性がよくないので，主に油を使用しない電気機器のコイルや絶縁部品の絶縁処理に用いられる。

樹脂を主成分としたものは，乾性油に天然樹脂又は合成樹脂を配合したり，あるいは合成樹脂を適当な溶剤で溶かしたりしたものである。乾燥した膜は丈夫で耐油性があり，絶縁も優れているので，油入機器のコイル用，絶縁部品の絶縁処理用あるいはエナメル線用のワニスとして用いられる。ベークライトワニス，グリプタールワニス，シリコンワニスなどがその例である。

絶縁ワニスの成分原料と配合例を表3－9に示す。

表3－9　絶縁ワニスの成分原料と配合例

種　類	色	配　合　[%]				
		あまに油	きり油	アスファルト	樹　脂	乾燥剤
自然乾燥ワニス	黒	32.5	－	65.0	－	2.5
	飴	60	－	－	40	少　量
加熱乾燥ワニス	黒	70～85	－	12～25	2.5～5	少　量
	鉛	40	32	－	24	4
	飴	80～85	－	－	15～20	2.5～5

3.7　造形絶縁物及び積層絶縁物

造形絶縁物は紙，木粉，布，ガラス布，マイカ，けい砂，マグネシアなどの素地材料と樹脂，ゴム，ろう，乾性油，セメントなどの結合材料からなり，いろいろな形状のものに造形でき，加工費が安く，大量生産に適し，金属の埋込みが可能である。

マイカレックスは，マイカの細粉とほう酸鉛を造形したもので，耐熱性がよく（400℃まで），誘電損が小さく，ブラシ保持器の絶縁，水銀整流器の陽極封じ，高周波絶縁物に用いられる。

積層絶縁物は紙，布，ガラス布などにセラックや樹脂を含ませ，積み重ねて加熱圧縮したもので，電気的，機械的性質が良好である。板，棒，管状の形でコイル絶縁，間隔片，くさび，絶縁ワッシャ，端子盤などに用いられる。

第4節　液体材料

　この節では，液体の絶縁材料を植物性油，動物性油，鉱物性油などに分類し，それぞれの絶縁材料の特徴について説明する。

4.1　液体絶縁材料の分類と性質

　液体絶縁材料には，植物性油，動物性油，鉱物性油，合成油がある。これらのうち動物性油はほとんど用いられず，また植物性油は，絶縁ワニス（塗料）やコンパウンド（混和物）の原料として用いられる。
　主として液体絶縁材料として用いられているのは天然鉱油が最も多く，次いで合成油であるが，一般に絶縁油といえば天然鉱油のことで，合成油と区別している。
　絶縁油はその使用目的が，絶縁，防湿及び熱の放散なので，だいたい次のような性質が要求される。
① 絶縁耐力，絶縁抵抗が大きいこと。
② 誘電損が少なく，比誘電率が用途に応じて適当な値であること。
③ 比熱及び熱伝導率が大きく，粘度が小さいこと。
④ 引火点が高く，凝固点が低いこと。
⑤ 熱膨張，蒸発による減量があまり大きくないこと。
⑥ 化学的に安定であり，加熱やアークなどによって劣化，変質することが少なく，機器を侵さないこと。

4.2　植物性油

　植物性油は空気中での乾燥程度によって，薄膜にしておくと酸化して固まる乾性油，酸化しても固まらない不乾性油，その中間的な性質を示す半乾性油の3種に大別される。
　乾燥性を高めるには，適当な乾燥剤を加え，空気又は酸素を吹き込んで加熱，酸化して粘度の大きい油（ボイル油）にするか，あるいは空気を遮断して長時間加熱し，濃縮する。このようにして得られたものを重合油（スタンド油）と呼んでいる。
　植物性油にはあまに油，とう油，ひまし油，大豆油がある。
　あまに油は乾性油のうち重要なもので，亜麻の種子から圧搾法によって得られる。ボイル油，スタンド油として絶縁用ワニスの原料に用いられる。

とう油は油桐(あぶらぎり)の種子から得られる。乾燥があまに油より速いので、耐湿性と内部乾燥性を重視する絶縁ワニスの原料に用いられる。普通ボイル油をつくるとき、あまに油と混合して用いる。

ひまし油はひま（とうごま）の種子から得られる。非常に粘度が大きく不乾性で、絶縁コンパウンドの原料に用いられる。

大豆油は大豆から得られる半乾性油で、乾性油と混合して絶縁塗料の原料に用いられる。

4.3 鉱物性絶縁油 （JIS C 2320：1999〈追補：2010〉）

鉱物性絶縁油はトランス油とも呼ばれている。これは天然鉱油を蒸留して重油を取り出し、これをさらに分留精製したものである。絶縁破壊電圧は水分の吸収、油の酸化、不純物の混入により著しく低下するので、取扱いには注意が必要である。例えば水分1/10 000の混入で絶縁は1/3に低下する。

4.4 合成絶縁油

鉱物性絶縁油は産出量が多くて値段も安く、優れた絶縁性をもっている。しかし、前述のような欠点もあり、これらの欠点を補うために各種の合成絶縁油が用いられている。合成絶縁油の種類としてJISには表3-10に示すようなものがある。なお、ポリ塩化ジフェニル（塩化ビフェニル）はいわゆるPCBであるため、PCB公害防止の立場から昭和47年5月1日付けでJISが廃止され、それに伴って新しい合成絶縁油が開発されるようになった。アルキルベンゼン、アルキルナフタレン、ジアリルアルカンは絶縁破壊電圧が高く、ガス吸収性も優れ、コンデンサなどに用いられる。また、シリコン油（けい素樹脂油）は、耐熱性がよく、温度による粘度の変化が少なく、化学的に安定で酸化しにくく、不燃性であり、電気用としては絶縁油、コンデンサ含浸剤、真空ポンプ用油などに用いられる。シリコン油の特性を表3-11に示す。

表3−10 絶縁油の種類（合成油）（JIS C 2320：1999〈追補：2010〉）

種類		主な成分			主な用途
1種	1号	鉱油			油入コンデンサ，油入ケーブル
	2号				油入変圧器，油入遮断器
	3号				厳寒地以外の場所で用いる油入変圧器，油入遮断器
	4号				高電圧大容量油入変圧器
2種	1号	アルキルベンゼン	分岐鎖形	低粘度	油入コンデンサ，油入ケーブル
	2号			高粘度	
	3号		直鎖形	低粘度	
	4号			高粘度	
3種	1号	ポリブテン		低粘度	油入コンデンサ，油入ケーブル
	2号			中粘度	
	3号			高粘度	
4種	1号	アルキルナフタレン		低粘度	油入コンデンサ
	2号			高粘度	
5種	1号	アルキルジフェニルアルカン		低粘度	油入コンデンサ
	2号			高粘度	
6種	1号	シリコーン油		低粘度	油入変圧器
	2号			高粘度	
7種	1号	鉱油，アルキルベンゼン			油入コンデンサ，油入ケーブル
	2号				油入変圧器，油入遮断器
	3号				厳寒地以外の場所で用いる油入変圧器，油入遮断器
	4号				高電圧大容量油入変圧器

表3−11 シリコン油の特性

動粘度 [mm²/s]（100℃）	13〜19
引火点 [℃]	315
凝固点 [℃]	−48
体積抵抗率 [Ω・m]（常温）	$(7〜8)\times 10^{12}$
〃 （200℃）	10^{10}
絶縁耐力 [kV/mm]	100〜120
比誘電率 （50 Hz, 25℃）	2.58
誘電正接 （50 Hz, 25℃）	2×10^{-4}

第5節　気体材料

この節では，まず気体の絶縁材料の一般的な性質を説明し，次に各種気体絶縁材料の特徴について説明する。

5.1　気体絶縁材料の性質

空気は最もありふれた気体絶縁材料であるが，このなかでコロナ放電のような局部放電が発生すると，オゾン（O_3）や窒素の酸化物（NO_x）を生じて，付近の金属や絶縁物を侵すことがある。このような気体絶縁材料の分解による障害は，特に塩素（Cl）やふっ素（F）のようなハロゲンを含んでいる場合には，他の材料への腐食性ばかりでなく，人体に対する毒性を示すこともあるから，気体絶縁材料には，腐食性や毒性の分解ガスを発生しないもの，あるいは発生しにくいものを用いる必要がある。

火花電圧は気体の圧力が大きくなるに従って上昇し，それとともに気体の絶縁耐力が向上する。しかし，この上昇は気体の種類によって異なるものである。

短い距離で高電圧を絶縁するには，気圧を大気圧以上に高くすればよいが，あまり気圧を高くしても効果がないので，気体によって適当な気圧を選ぶ必要がある。

気体絶縁材料の気圧が大気圧より小さくなると，絶縁耐力は低下する。しかし，気圧がさらに低くなり，「パッシェンの法則」[2]の火花電圧が最小値となる$P×d$の気圧より低くなると，逆に絶縁耐力は向上する。この原理は，高電圧の真空管，X線管，ブラウン管及び真空スイッチなどに応用されている。

各種気体のコロナ放電開始の電界の強さは，ハロゲン元素（ふっ素，塩素，臭素，よう素など）を含んだものは絶縁耐力が高い。また，単原子ガス（ネオン，アルゴン，ヘリウム，クリプトンなどで，希ガスともいう）は非常に絶縁耐力が低く，放電が起こりやすいので，放電現象を利用したネオンサイン，アルゴンランプ，蛍光灯，サイラトロンなどに利用されている。気体の絶縁破壊の強さを表3－12に示す。

---

(2) 平等電界で火花放電が生じた場合，気体の圧力をP [Pa]，電極間の距離をd [mm] とすると，温度が一定であれば，火花電圧は$P×d$によって決まる。これを「パッシェンの法則」という。

表3－12 気体の絶縁破壊の強さ（20℃，1気圧，平等電界）

種　　類	分　子　式	相対絶縁破壊の強さ （空気を1とした値）
空　気	―	1.00（3 kV/mm）
窒　素	N_2	1.03
酸　素	O_2	0.91
炭酸ガス	CO_2	0.88
水　素	H_2	0.60
アルゴン	Ar	0.26
ネオン	Ne	0.20
ヘリウム	He	0.11
フレオン12	CF_2Cl_2	2.4
六ふっ化硫黄	SF_6	2.3

（注）気体の絶縁耐力は電極やギャップ（間げき）の形状，大きさによって異なり，針状電極では板状電極より小さく，1気圧の空気の絶縁破壊の強さは，針端電極では約0.4 kV/mmである。

5.2　各種気体絶縁材料

（1）空気，窒素，二酸化炭素

空気の絶縁抵抗は非常に大きいが，比誘電率は小さく，誘電損もほとんどゼロである。しかし，絶縁耐力が低く，約3 kV/mm以上の電界で火花放電を生ずる。また空気を大気圧以上にして絶縁耐力を増加すると，酸素の量が増すことから，局部放電による分解ガスを発生するおそれがある。窒素や二酸化炭素は酸化作用がないので空気のようなおそれがない。

（2）フレオン

フレオンは空気の約2.5倍の絶縁耐力があるから，これを2気圧程度に圧縮すると，空気の約5倍の絶縁耐力になり，この値は絶縁油の絶縁耐力に相当する。したがって，フレオンをそれ以上に圧縮すれば，絶縁油以上に絶縁耐力は向上する。化学的に安定で，常態では不燃性で特に毒性や腐食性もない。しかし，このなかで火花放電が生ずると，分解して塩素やホスゲン（$COCl_2$）のような有毒の腐食性ガスを発生する。

この性質を利用して，高い圧力のフレオンを詰めて高電圧の電気機器を小形化することが行われ，X線装置や静電圧発電機などに用いられる。また，冷凍機の冷媒にも用いられる。

（3）六ふっ化硫黄（SF_6）

六ふっ化硫黄の性質は，無色，無臭，不燃性で毒性がない。また，引火，爆発の危険もなく，化学的に安定である。そのうえコロナ放電でも500℃程度では分解せず，フレオンよりも安定である。常温で50気圧程度まで圧縮可能であるが，実際は10気圧以下で使用されることが多い。例えば，2気圧に圧縮したものでも絶縁油にほぼ匹敵するほどの絶縁破壊の強さを有し

ている。さらに電気的には，放電によって導電路をつくらないので電流の遮断能力がよい。そのため，遮断器，変圧器，ケーブルなどに用いられ，変電所の縮小化や気中管路送電に利用されている。また六ふっ化硫黄の絶縁耐力はマイクロ波領域まで保たれるので，レーダやX線装置などにも用いられている。

（4） その他の気体

四塩化炭素は，絶縁耐力が空気の5～6倍であるが，塩素を含んでいるので，分解ガスは金属を腐食しやすくなり，絶縁物としてはあまり利用されないで，溶剤や消火剤に用いられている。また，ネオン，アルゴン，クリプトンなどは，少量であるが放電管などに用いられている。

第3章のまとめ

　絶縁材料は電流をほとんど流さない材料であり，合成樹脂やセラミックスで構成されている。この章では，絶縁材料の電気的性質，熱的性質，機械的性質，化学的性質を学び，絶縁材料としての固体，液体，気体の特徴を学んだ。

　固体の絶縁材料は無機絶縁材料，繊維質絶縁材料，樹脂系絶縁材料などに分類される。液体の絶縁材料を植物性油，動物性油，鉱物性油などに分類される。このような分類を含めて，絶縁材料としての固体，液体，気体の一般的な性質，特徴を学んだ。

第3章 練習問題

1. 文章中の（ ）内に適切な語を入れて，文章を完成せよ。
   (1) どんな絶縁体でも完全な不導体ではなく，表面及び絶縁体内に（ ① ）が流れる。
   (2) 一つあるいは二つ以上の（ ② ）を成形して加熱し，徐冷した多結晶質の固体を陶磁器という。陶磁器は窯業製品で，一般に（ ③ ）ともいわれ，ガラスとともに人造無機固体絶縁材料の代表的なものである。
   (3) 絶縁体に高い電圧を加えた場合，その内部又は表面に突然大きな電流が流れ，絶縁性が失われることがある。これを（ ④ ）という。

2. 絶縁材料の劣化について，次の（ ）内に適切な語を入れよ。
   (1) （ ① ）による劣化
      絶縁材料の劣化の原因の中で，最も一般的で起こりやすい劣化。
   (2) （ ② ）による劣化
      表面漏れ電流の原因となり，絶縁耐力，誘電損にも影響を与える劣化。
   (3) （ ③ ）による劣化
      主に炭素を組成とした高分子材料が炭化し，絶縁性が失われたり浸食したりする劣化。
   (4) （ ④ ）による劣化
      酸，アルカリ等による劣化。
   (5) （ ⑤ ）による劣化
      主にかびが原因となり，金属やプラスチックを浸食する劣化。
   (6) （ ⑥ ）による劣化
      紫外線や空気中の酸素，風，雨等が相乗的に作用することにより生じる劣化。

3. 気体絶縁材料の性質について説明せよ。

第4章
磁気材料

　磁気材料は磁界によって磁化される性質を積極的に利用する材料である。この磁気材料は発電機，変圧器，電動機に用いられている。

　この章では，まず磁気材料の分類について説明し，次に磁気材料を永久磁石材料，磁心材料，非磁性材料に分類しそれぞれの特徴を説明する。

第1節　磁気材料の分類

この節では，絶縁材料の分類について説明する。

1.1 磁気材料の分類

磁気材料は，その使用目的により表4－1のように分類される。

表4－1　磁気材料の分類と材料例

分類			材料例
磁心材料	高透磁率材料	金属磁心材料	純鉄，炭素鋼（Cが少ない），けい素鋼，パーマロイ
		圧粉磁心材料	カーボニル鉄圧粉心，パーマロイ圧粉，センダスト圧粉
		酸化物磁心材料	Cu-Znフェライト，Mg-Znフェライト，Ni-Znフェライト
	定透磁率材料		パーミンバー，イソパーム，センパーム
磁石材料	焼入硬化形材料		炭素鋼，W鋼，KS鋼，MT鋼
	析出硬化形材料		MK鋼，アルニコ，キュニコ，キュニフェ
	焼結磁石材料		Fe-Co，OP磁石，Baフェライト
特殊磁気材料	整磁材料		モネル，サーマロイ，サーモパーム，MS合金
	磁気ひずみ材料		Ni，パーマロイ，アルフェル，MM合金，Niフェライト
	角形履歴材料		二方向性けい素鋼，デルタマックス，スーパメンジュール，Mg-Znフェライト
	磁気録音材料		ヘッド：マンメタル，パーマロイ，Ni-Znフェライト 被録音体：パイカロイ，キュニフェ，フェライト

第2節　永久磁石材料

この節では，まず永久磁石材料の一般的な性質について説明し，次に焼入れ硬化磁石材料と析出硬化磁石材料について説明する。

2.1　永久磁石材料の性質

永久磁石材料は，外部からの起磁力が取り除かれても，磁化された状態を長時間にわたって保持する材料で，言い換えると，残留磁気と保磁力が大きく，著しいヒステリシス現象を示す材料のことである。

永久磁石材料の性質として望まれることは，次のとおりである。
① 残留磁気，保磁力，エネルギー積（B×H）の値が大きいこと。
② エージング[(1)]が少ないこと。
③ 成型，機械加工，熱処理が容易で，安価なこと。

永久磁石は，測定用計器，小形電気機器，拡声器などに広く用いられている。

永久磁石材料の減磁曲線を図4-1に，磁石材料を表4-2に示す。

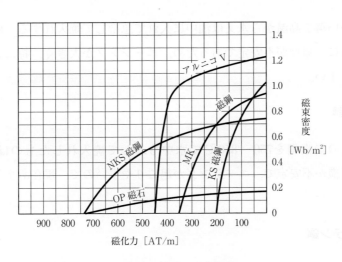

図4-1　永久磁石材料の減磁曲線

---

(1) 材料の組織変化，あるいは外部からの磁界，振動，熱などの影響で，時間がたつにつれて磁気が減少することをエージングといい，これを防止するため永久磁石は，あらかじめ人工的に磁界，振動，熱などの変化を与えて使用されるのが普通である。これを人工エージングという。

表 4－2　磁石材料

種類	成分 (Fe以外)	熱処理 [℃]	Br [Wb/m^2]	Hc [AT/m]	備考
炭素鋼	C0.8～1.2	750～800			組織不安定
タングステン鋼	C0.7～0.75 W5.0～7.0		1.1	6000	安定
クロム鋼	C0.6～1.0 Cr1.0～3.0		1	3200～5600	タングステン鋼より磁性 やや劣るが安価
KS鋼	W 6～8 Cr 1～3 Co20～36	700 (1～2 hr) 930～970	1.156	20600	磁性強く安定 高温鍛練可能
MK鋼	Ni15～40 Al 9～15	650～700	0.7～1.1	16000～56000	析出硬化合金計器，受話器 など用途は広い
新KS鋼	Ni10～25 Co20～40 Ti 5～20	650～750	0.7～0.9	56000～74000	鋳造法によるHc大
アルニコV	Ni14　Al 8 Cr24　Cu 3		1.27	51700	鋳造法による Br, Hcともに大
OP磁石	CoFe$_2$O$_4$ Fe$_3$O$_4$	1000 300	0.25～3.2	72000～96000	Hc大，短い磁石可能

（注）　Br：残留磁束密度　　　Hc：保磁力

2.2　焼入れ硬化磁石材料

炭素含有量の多い鋼を高温から水又は油中に入れて急冷して焼入れすると硬化し，保磁力が大きくなる。一般に，組織が不安定であるため，エージングが大きく，特に高温にさらされると劣化が起こりやすい。

（1）炭素鋼

炭素0.8～1.2％の炭素鋼を750～850℃で水中冷却して焼入れしたものは，相当な磁性をもっているが，組織が不安定で，エージングが起こりやすいので，現在あまり用いられていない。

（2）タングステン鋼

炭素鋼にタングステンを5～7％程度添加し，エージングを少なくして磁気的特性を改善したものである。

（3）クロム鋼

炭素鋼にクロムを1.0～3.0％程度添加（なお，このほかに，コバルト，モリブデン，マンガ

ンなどを添加することもある）したもので，タングステン鋼に比べて多少磁性は劣るが，油焼入れができるので製品に焼割れが少なく，低価格である。

(4) KS鋼

タングステン6～8％，クロム1～3％，コバルト20～36％，炭素0.7～1.5％，残りが鉄からなる合金で，焼入れ硬化材料のうち最も優れたものである。高温鍛錬ができ，老化が少なく，かつ機械的振動に対しても比較的安定していて，特に保磁力が大きいのが特徴である。

2.3 析出硬化磁石材料

炭素を含まない鉄合金を高温から急冷すると，過飽和状態の固溶体ができる。これを適当な温度で焼戻しをすると，高い保磁力をもつようになる。

(1) MK鋼

ニッケル15～40％，アルミニウム9～15％，これに鉄を加えた合金で，なお少量のコバルトが添加されている。従来の磁石鋼より磁気的特性の極めて優れた永久磁石材料である。その安定性は，焼入れ硬化材料に比べて著しく優れている。例えば，600℃まで加熱しても，磁性に変化がなく，衝撃，振動に対しても著しく安定である。KS鋼に比べて安価である。

(2) 新KS鋼

KS鋼を改良したもので，ニッケル10～25％，コバルト20～40％，チタン5～20％の合金を鋳造し，650～750℃で焼き戻したものである。加熱，衝撃に対して安定しており，保磁力ともに大きい。

(3) 鋳造アルニコ

MK鋼にコバルトや銅などを加え，これを強磁界中で磁化しながら鋳造したもので，アルニコVは，残留磁束密度の値が特に大きく，アルニコXIIは，保磁力が特に大きい。

(4) 銅ニッケル合金

銅60％，ニッケル20％，鉄20％の合金を油で焼入れした後，これを焼き戻したものである。この材料は機械加工が容易であることが特徴である。

2.4 焼結磁石材料

金属酸化物あるいは合金の粉末を加圧成形して高温で焼結すると，保磁力の大きな材料をつくることができる。

（1）ОＰ磁石

亜鉄酸コバルト（$CoFe_2O_4$）と磁鉄鋼（Fe_3O_4）の粉末を50％ずつ混合圧縮して1 000℃で焼結させたものを，300℃に加熱して磁化する。保磁力が大きく比較的軽いのが特徴である。また極めて短い磁石をつくることができる。

（2）焼結アルニコ

アルニコⅡ，アルニコⅣと呼ばれるものは，ニッケル，アルミニウム，コバルト（銅を加えることもある）の焼結合金であって，保磁力が著しく大きい材料である。

2.5 希土類を用いた永久磁石

（1）サマリウムコバルト磁石

サマリウムコバルト磁石は，希土類金属のサマリウムとコバルトの金属間化合物からなる永久磁石である。サマリウムコバルト磁石には，1－5系と2－17系の2種類がある。

（2）ネオジウム磁石

ネオジウム磁石は，希土類金属のネオジウムと鉄を主成分とした，強力な永久磁石である。"焼結磁石"と"ボンド磁石"の2種類があり，幅広い分野で使用されている。

第3節　磁心材料

この節では，まず磁心材料の一般的な性質について説明し，次にけい素鋼板，高透磁率材料，アモルファス磁性材料，高周波用磁心材料について説明する。

3.1　磁心材料の性質

変圧器，回転機，電磁石その他の磁心（鉄心）として要求される性質は，磁気的性質が顕著でなければならないが，同時にこの材料の性質上，ヒステリシス損やうず電流損のできるだけ小さいことも必要である。すなわち，次のような条件を備えていなければならない。

① 保磁力及び残留磁気の小さいこと。
② 磁気飽和の値が大きいこと。
③ 透磁率が大きく，なるべく一定なこと。
④ 電気抵抗が大きいこと（うず電流を小さくするための必要条件である）。
⑤ 機械的，電磁的に安定していること。

このような条件を備えた磁心材料を製造するには，永久磁石材料の場合とは逆に，適当な熱処理によって材料の結晶粒を大きくし，内部ひずみを除去する。このようにすると，保磁力が小さくなって飽和磁気の値を下げることなくヒステリシス損の低減化を図ることができる。

また，交流用機器の磁心を製造する場合には，磁気的性質をある程度犠牲にしても，適当な不純物を加えて電気抵抗の値を増し，うず電流損を小さくする必要がある。例えば，鉄にけい素を加えたけい素鋼板はこの例である。なお，鉄又は合金の飽和磁気の値を高めるには，炭素，酸素，窒素，硫黄などの不純物をできるだけ除かなければならない。

3.2　けい素鋼板（帯）

磁心材料として最も重要なのは，けい素鋼板（帯）である。変圧器や回転機の鉄心は，うず電流損を少なくするために，表面絶縁を施した薄いけい素鋼板を積み重ねた鉄心を使用する。これを成層鉄心といい，また，帯状のけい素鋼板を，ロール状に巻いたものを巻鉄心という（図4-2）。回転機には厚さ0.5mmあるいは0.35mmのものが，また変圧器では厚さ0.35mmあるいは0.3mmのものが主に用いられる。けい素鋼板の表面絶縁としては，ワニスの塗布，薄紙の張付け，酸化皮膜の成形などがあるが，けい素鋼板メーカーにおいては耐熱性，耐油性の絶縁皮膜を付けたものが多い。

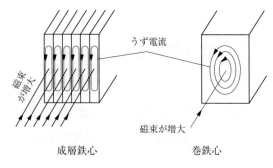

図4－2　成層鉄心と巻鉄心

　けい素鋼板に含まれるけい素の含有量は通常5％以下（5.5％以上に増量すればもろくなる）のものが用いられる。

① けい素の量が多いものは，鉄損は小さくなるが，透磁率が小さく，機械的強度も小さくなるので，機械的性質よりも磁気的性質のよいものが必要である変圧器には，けい素含有率の大きいものが使用される。

② けい素の量が少ないものは，鉄損は大きくなるが，透磁率も機械的強度も大きくなるので，機械的に丈夫であることが必要である回転機には，けい素の含有量の少ないものが使用される。

　例えば，国産けい素鋼板では，変圧器用のものがけい素含有量4.0～4.5％，回転機用のものが1～3.5％程度である。

　また，製造上の違いにより熱間圧延けい素鋼板と冷間圧延けい素鋼帯がある。さらに，鋼板の圧延方向が磁化されやすく磁束が通りやすい方向性けい素鋼板（帯）と，圧延方向には関係なく，どの方向にも磁束が通りやすい無方向性けい素鋼板がある（図4－3）。

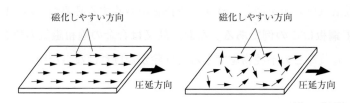

図4－3　方向性けい素鋼板と無方向性けい素鋼板

　変圧器においては，磁束の通る方向に方向性けい素鋼板（帯）の圧延方向を合わせて，鉄心を成層したり巻鉄心としたりする。このようにすることにより，変圧器の銅線や鉄心が相当節約される。

　これに対して回転機の鉄心に方向性けい素鋼板を用いると，回転位置によって磁束の大きさにむらができて具合が悪いので，無方向性けい素鋼板が使用される。

　冷間圧延けい素鋼帯には，方向性（JIS C 2553：2012「方向性電磁鋼帯」）と無方向性（JIS

C 2552：2014「無方向性電磁鋼帯」）があり，通常200m以上の長さのコイル状に巻かれているので，鋼帯と呼ばれている。鋼帯を切断した板状のものもある。冷間圧延けい素鋼帯は連続打抜きができ，さらに磁化特性，厚みの一様性，占積率などが熱間圧延けい素鋼板よりも優れているので，現在では熱間圧延のものよりも多く用いられている。

a　冷間圧延方向性けい素鋼帯

けい素鋼板は，圧延方向に磁化容易軸が比較的そろっているので，その方向に磁束を通したほうが磁気特性に優れている。したがって，適当な加工と熱処理によって結晶の粒子を大きく成長させ，磁化容易軸を圧延方向にそろえることによって磁気特性を向上させたものが方向性けい素鋼帯である。表4－3に方向性けい素鋼帯鉄損及び磁束密度を示す。

これは，けい素鋼を熱間圧延によって1～2mmの鋼帯とし，これを50～70％の強冷間圧延によって厚さ0.30～0.35mmに仕上げた後，焼なましによって再結晶させたものである。圧延方向に磁束を通せば，普通のけい素鋼板に比べて鉄損が小さく，比透磁率が大きい。けい素の量は普通3.2～3.6％くらいのものが使われている。

なお，方向性けい素鋼帯は，圧延方向にだけ磁気的性質が優れているが，これと直角の方向にも磁気的特性の優れた2方向性けい素鋼帯がつくられている。この種のものは，無方向性のものに比べて特性が優れ，回転機やL形変圧器の鉄心の打抜きに都合がよく，材料の使用量を節約して小形化することができる（図4－4）。

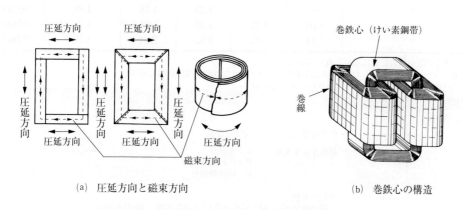

図4－4　方向性けい素鋼板を用いた変圧器鉄心

b　冷間圧延無方向性けい素鋼帯

けい素鋼を熱間圧延によって鋼帯とし，冷間圧延と熱処理によって，結晶の方向性が問題にならないほど小さいけい素鋼帯がつくられている。これが無方向性けい素鋼帯で，厚さや精度や平たん度が熱間圧延けい素鋼板に比べて優れている。回転機用に使用されている。

表4－4に無方向性電磁鋼帯の種類，鉄損，磁束密度を示す。

第4章 磁気材料

表4-3 方向性けい素鋼帯鉄損及び磁束密度 (JIS C 2553：2012 抜粋)

種類	呼称厚さ [mm]	密度[a] [kg/dm³]	1.5Tにおける鉄損最大値[b] [W/kg]		1.7Tにおける鉄損最大値[b] [W/kg]		$H=800$A/mにおける磁束密度B_8の最小値[c] [T]	占積率の最小値
			($W_{15/50}$) 50Hz	($W_{15/60}$) 60Hz	($W_{17/50}$) 50Hz	($W_{17/60}$) 60Hz		
23 R 085	0.23	7.65	−	−	0.85	1.12	1.85	0.945
23 R 090			−	−	0.90	1.19	1.85	0.945
23 P 090			−	−	0.90	1.19	1.85	0.945
23 P 095			−	−	0.95	1.25	1.85	0.945
23 P 100			−	−	1.00	1.32	1.85	0.945
23 G 110			0.73	0.96	1.10	1.45	1.78	0.945
27 R 090	0.27		−	−	0.90	1.19	1.85	0.950
27 R 095			−	−	0.95	1.25	1.85	0.950
27 P 100			−	−	1.00	1.32	1.88	0.950
27 P 110			−	−	1.10	1.45	1.85	0.950
27 G 120			0.83	1.10	1.20	1.58	1.78	0.950
27 G 130			0.89	1.18	1.30	1.72	1.78	0.950
30 P 105	0.30		−	−	1.05	1.39	1.88	0.955
30 P 110			−	−	1.10	1.46	1.88	0.955
30 P 120			−	−	1.20	1.58	1.85	0.955
30 G 130			0.91	1.20	1.30	1.72	1.78	0.955
30 G 140			0.97	1.28	1.40	1.85	1.78	0.955
35 P 115	0.35		−	−	1.15	1.52	1.88	0.960
35 P 125			−	−	1.25	1.65	1.88	0.960
35 P 135			−	−	1.35	1.78	1.88	0.960
35 G 145			1.04	1.37	1.45	1.91	1.78	0.960
35 G 155			1.11	1.47	1.55	2.04	1.78	0.960

注 a) 密度は，試験片の断面積の計算に用いる既定値を示す。
 b) Wの添え字の分子（15または17）は最大磁束密度を，分母（50または60）は周波数を示す。
 c) B_8は，磁界の強さ800A/mにおける材料固有の磁束密度を示す。

種類の記号の表し方

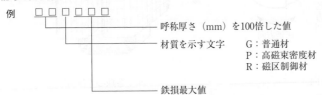

　例 □□□□□□
　　　　　　　└── 呼称厚さ（mm）を100倍した値
　　　　　　　　　材質を示す文字　G：普通材
　　　　　　　　　　　　　　　　　P：高磁束密度材
　　　　　　　　　　　　　　　　　R：磁区制御材
　　　　　　　　　鉄損最大値
　　　　　　　　　周波数50Hz，最大磁束密度1.7Tの鉄損値を100倍した値

23 P 090は，周波数50Hz，最大磁束密度1.7Tにおける鉄損最大値が0.9W/kg以下である呼称板厚0.23mmの高磁束密度材を表す。

表4−4 冷間圧延無方向性けい素鋼帯鉄損及び磁束密度 (JIS C 2552：2014 抜粋)

種類	呼称厚さ [mm]	1.5Tにおける鉄損の最大値[a] [W/kg]		各磁界の強さにおける磁束密度の最小値[d] [T]			密度[c] [kg/dm^3]
		($W_{15/50}$) 50 Hz	($W_{15/60}$) 60 Hz[b]	(B_{25}) 2 500A/m[b]	(B_{50}) 5000A/m	(B_{100}) 10 000A/m[b]	
35 A 210	0.35	2.10	2.65	1.49	1.60	1.70	7.60
35 A 230		2.30	2.90	1.49	1.60	1.70	7.60
35 A 300		3.00	3.74	1.49	1.60	1.70	7.65
35 A 330		3.30	4.12	1.49	1.60	1.70	7.65
35 A 360		3.60	4.55	1.49	1.61	1.70	7.65
35 A 440[e]		4.40	5.52	1.54	1.64	1.74	7.70
50 A 230	0.5	2.30	2.95	1.49	1.60	1.70	7.60
50 A 290		2.90	3.71	1.49	1.60	1.70	7.60
50 A 330		3.30	4.20	1.49	1.60	1.70	7.65
50 A 350		3.50	4.45	1.50	1.60	1.70	7.65
50 A 470		4.70	5.90	1.54	1.64	1.74	7.70
50 A 600		6.00	7.53	1.57	1.66	1.76	7.75
50 A 800		8.00	10.06	1.60	1.70	1.78	7.80
50 A 1000		10.00	12.60	1.62	1.72	1.81	7.85
50 A 1300[e]		13.00	16.28	1.62	1.72	1.81	7.85
65 A 310	0.65	3.10	4.08	1.49	1.60	1.70	7.60
65 A 400		4.00	5.20	1.52	1.62	1.72	7.65
65 A 530		5.30	6.84	1.54	1.64	1.74	7.70
65 A 800		8.00	10.26	1.60	1.70	1.78	7.80
65 A 1000		10.00	12.77	1.61	1.71	1.80	7.80
65 A 1600[e]		16.00	20.30	1.62	1.71	1.81	7.85
100 A 600	1.00	6.00	8.14	1.53	1.63	1.72	7.60
100 A 800		8.00	10.70	1.56	1.66	1.75	7.70
100 A 1300		13.00	17.34	1.60	1.70	1.78	7.80

注 a) エプスタイン試験器では，次の式で表される材料固有の磁束密度（磁気分極）が測定される。
$$J = B - \mu_0 H$$
ここに，
J：材料固有の磁束密度（磁気分極） B：磁束密度 μ_0：磁気定数 $4\pi \times 10^{-7}$ H/m H：磁界の強さ
Wの添え字の分子(15)は最大磁束密度を，分母(50 又は 60)は周波数を示す。
b) 参考値
c) 密度は，試験片の断面積の計算に用いる既定値を示す。受渡当事者間の協定によって他の値を用いてもよい。
d) B_{25}, B_{50} 及び B_{100} は，それぞれ磁界の強さ 2 500 A/m, 5 000 A/m 及び 10 000 A/m における材料固有の磁束密度のピーク値を示す。
e) 35A440, 50A1300, 65A1300 及び 65A1600 は，JIS 独自に規定した種類を示す。

種類の記号の表し方

例 □□ A □□□□
　　　　　　　└─ 呼称厚さ（mm）を100倍した値
　　　　　└── 材質を示す文字
　　　└──── 鉄損の最大値
　　　　　　　 周波数50 Hz及び最大磁束密度1.5 Tにおける鉄損の最大値（W/kg）
　　　　　　　 を100倍した値

35 A 250は周波数50 Hz及び最大磁束密度1.5 Tにおける鉄損の最大値が2.5 W/kg以下である呼称板厚0.35 mmの鋼帯を表す。

3.3 高透磁率材料

鉄ニッケル合金や鉄アルミニウム合金，あるいはこれに少量の他の元素を加えた合金は適当な熱処理により，純鉄あるいはけい素鋼よりはるかに大きい初透磁率及び最大透磁率を示し，高透磁率材料として特に通信用に広く用いられる。現在高透磁率材料としては，鉄ニッケル合金，鉄アルミニウム合金及びセンダスト鋳物などが用いられている。

(1) 鉄ニッケル合金

鉄ニッケル合金を総称してパーマロイ（Permalloy）といい，図4-5のように，$B-H$曲線の立上がりが急で，かつ最も高い透磁率を示す。鉄ニッケル合金のうち実用化されているものは，ニッケルの含有量が30～90％のもので，特にニッケルが78.5％の合金（特にパーマロイと呼ぶことがある）は最も高い透磁率を示す。

ニッケル45％を含むパーマロイは，飽和磁気の値が大きく，透磁率も比較的大きいので，交流に直流を重ねて用いる変成器などに用いられる。その他の高ニッケル合金は薄板として継電器用鉄心，計器の可動片，磁気増幅器に用いられ，またリボン状に圧延して通信用装荷コイル鉄心，海底ケーブルの装荷用鋼帯などに用いられる。

三元パーマロイは，ニッケル78％のパーマロイに，少量のモリブデン，クロム，銅，けい素などを混入したもので，抵抗率が高く，透磁率もかなり大きいので，高周波用として特に有利である。

スーパーパーマロイは，ニッケル78％，モリブデン5％，マンガン0.5％，鉄16.5％の四元合金で，その比透磁率は極めて高く，抵抗率もかなり大きいが，高価なため特殊な機器に用いられる。

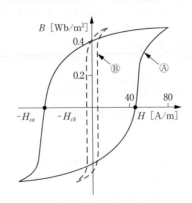

Ⓐ: 軟鉄　Ⓑ: パーマロイ

図4-5　ヒステリシス曲線

（2） 鉄アルミニウム合金

鉄アルミニウム合金は，抵抗率が大きく，透磁率も相当大きいので，高周波用鉄心のほか，磁気録音用としても極めて重要な材料である。

（3） センダスト鋳物

けい素6～11％，アルミニウム4～8％，残りが鉄の合金で，特に低磁化力における透磁率が大きく，ヒステリシス損の少ない利点があるが，材質が硬くもろいため加工が困難で，鋳物のままで磁気シールドに用いられる。なお，これを微粉末としてセンダスト鉄心の原料として多く用いられる。

3.4 アモルファス磁性材料

アモルファス（Amorphous）とは，もともと非結晶あるいは非晶質という意味で，溶けた金属を高温（約1 200℃）から低温（約15℃）まで超急冷することによって得られる合金である。

アモルファスは，通常の金属のように規則正しい原子の配列ではなく，無秩序に並んでおり，ガラスの構造に近いためメタリックガラスとも呼ばれている。金属の組成を変えることでかなりの金属がアモルファスになり，広範な用途が考えられているが，なかでもけい素鋼の場合，鉄損，励磁電流を1/3にすることができるため，アモルファス変圧器として変圧器鉄心への適用が期待されている。ほかには磁気ヘッド，ディスクメモリのヘッド，コンピュータメモリのヘッドなどに用いられている。

3.5 高周波用磁心材料

高周波回路の変圧器などの電気機器用磁心材料は，良好な磁気的特性とともに，特にうず電流損の極めて少ないことが必要である。現在用いられている高周波用磁心材料には，圧粉心とフェライトがある。

（1） 圧粉心

磁性材料を微粉状とし，その表面を絶縁層で覆い，結合剤を用いて適当に圧縮成形することにより，周波数の増加によるうず電流損やヒステリシス損の増加を防ぐようにしたものである。これは，透磁率は比較的小さいが，かなり広範囲にわたって一定になる。圧粉心の比透磁率を図4－6に示す。

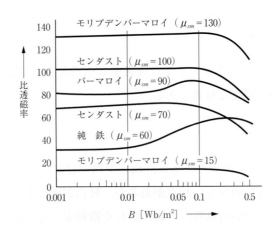

図4－6　各種圧粉心の比透磁率

a　純鉄圧粉心

電解鉄を粉末とした後，適当な熱処理で水素を除去し，各粒子を互いに絶縁して圧縮成形したもので，比透磁率は25～55程度である。また，カルボニル鉄を原料としたものもある。

b　パーマロイ圧粉心

ニッケル80％程度の高ニッケルパーマロイやモリブデンパーマロイを原料としたもので，比透磁率は70～110 μ_{sm}程度で，純鉄圧粉心より優れている。

c　センダスト圧粉心

センダスト鋳物を粉末にしたものを互いに絶縁し，結合剤を加えて成形し，熱処理したものである。比透磁率は，高周波用，搬送周波用，搬荷コイル，その他可聴周波用などの用途により15～90 μ_{sm}程度の範囲につくられる。

（2）フェライト

金属の酸化物からなるフェリ磁性体であって，一般には$MoFe_2O_3$で示される。銅，ニッケル，マンガン，亜鉛，バリウム，コバルト，マグネシウムなどの2価の金属が用いられている。

フェライトの抵抗率は$10～10^8 \Omega \cdot m$で，半導体や絶縁物と同じ程度であるから，高い周波数でもうず電流損が少ない。また，圧粉心に比較して比初透磁率が大きいので，マイクロ波領域まで磁心材料として用いられている。

a　Cu-Znフェライト

古くからオキサイドコアと呼ばれているもので，抵抗率は$10^3 \Omega \cdot m$程度まで，比初透磁率は600～800程度である。ラジオの中間周波トランス用鉄心などとして，100 kHz～数MHzの範囲で用いられている。

b Mn-Znフェライト

抵抗率は他のフェライトに比較して低く，数$\Omega \cdot m$程度であるが，比初透磁率が大きく，1 500程度であり，最近では20 000程度のものもできている。したがって，あまり高い周波数でなく，500 kHz以下で用いられる。テレビジョン受信機のフライバックトランス，偏向コイル及び搬送電話器などの鉄心に用いられる。

c Ni-Znフェライト

抵抗率が大きくて$10^5 \Omega \cdot m$程度のものまであり，比初透磁率は500～4 000程度である。無線周波以上の高周波，超高周波用の鉄心に用いられる。

d Mn-Mgフェライト

ヒステリシス特性が長方形であることが特徴で，電子計算機の記憶素子の鉄心に用いられる。

第4節　非磁性材料

　この節では，非磁性材料の一般的な性質について説明する。

　発電機や電動機鉄心の押さえ板，大電流母線の支持金物などは，機械的には鉄鋼の強さが必要であるが，漏れ磁束を誘発しないためには強磁性体は不適当である。この目的に使用するのが非磁性材料で，鉄又は炭素鋼にニッケル，クロム，マンガン，銅などを加えたものは常温ではほとんど磁性を現さない。なお，クロム18％，ニッケル8％を含むステンレス鋼もこれに属する。

　また，テレビのブラウン管や電子レンジなどの電極材料のような磁界のかかる部分には，機械的強度が大きく，加工性に優れた非磁性の金属材料が求められているため，オーステナイト組成のNi-Cr-Fe系の非磁性材料などが用いられる。

第4章のまとめ

　磁気材料は磁界によって磁化される性質を利用する材料であり，発電機，変圧器，電動機に用いられている。この章では，磁気材料を永久磁石材料，磁心材料，非磁性材料に分類してそれぞれの特徴を学んだ。

　永久磁石材料は焼入れ硬化磁石材料と析出硬化磁石材料に分類され，磁心材料はけい素鋼板，高透磁率材料，アモルファス磁性材料，高周波用磁心材料に分類される。このような分類を含めて永久磁石材料，磁心材料，非磁性材料の一般的な性質について学んだ。

第4章 練習問題

1. 磁心材料の性質について説明せよ。

2. 文章中の（　）内に適切な語を入れて，文章を完成せよ。

　けい素鋼板について，けい素の量が（①）ものは，鉄損，透磁率及び機械的強度が（②）なり，磁気的性質がよいことが必要とされる変圧器に使用される。

　また，けい素の量が（③）ものは，鉄損，透磁率及び機械的強度が（④）ので，丈夫であることが必要とされる回転機に使用される。

3. 文章中の（　）内に適切な語を入れて，文章を完成せよ。

　永久磁石材料は，外部からの起磁力が取り除かれても，（①）された状態を長時間にわたって保磁する材料で，（②）と保磁力が大きく，著しく（③）現象を示す材料のことである。

　変圧器や回転機の鉄心は，（④）損を少なくするために，表面絶縁を施したけい素鋼板を積み重ねた鉄心を使用する。これを（⑤）という。

4. フェライトについて説明せよ。

第5章
配線・工事材料

　電気設備に用いられる器具は法律で定められた器具や安全性の高い器具を用いなければならない。
　この章では、器具の取扱いや工事などを含め、一般的に用いられる材料について説明する。

第1節　電路材料

　電気設備において，配線工事するためには安全かつ環境に適合した材料を用いなければならない。そこで，この節では電路材料として電線管，ダクトと線ぴ，ケーブルラック，がいし，がい管，ケーブルトラフ類について説明する。

1.1　電線管

　電路材料において電線を保護するために使用する電線管には，次のようなものがある。

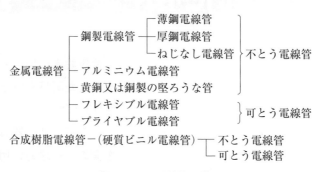

図5-1　電線管の種類

（1）鋼製電線管（JIS C 8305：1999）

　炭素鋼帯をアセチレンガス溶接又は電気抵抗溶接した溶接鋼管に，さび止めとして乾式亜鉛めっき，溶融亜鉛めっき又は亜鉛溶射を施し，内面は合成樹脂系を塗装したものである。管の長さは3 660 mmが標準（管の呼び径が92と104の厚鋼電線管はJISの1999年の改正により追加された。通常3 050 mmであるが，3 660 mmのものもある）である。管の呼び方は，厚鋼電線管では，内径寸法［mm］に近い偶数値，薄鋼電線管及びねじなし電線管では，外径寸法［mm］に近い奇数値で表し，かつねじなし電線管は数値の前に「E」を付ける。これは，その名のとおり，ねじなし接続工法によって，管相互及び付属品との接続を行うもので，外径は薄鋼電線管と同じであるが，肉厚はこれより薄い。内径120 mm以下の鋼製電線管は，すべて「電気用品安全法」の適用を受ける（図5-2，表5-1～表5-3）。

図5-2　鋼製電線管

表5-1　厚鋼電線管の呼び方，寸法，質量及び有効ねじ部の長さ
　　　　並びに外径及び質量の許容差（JIS C 8305：1999）

呼び方	外径 [mm]	外径の許容差 [mm]	厚さ [mm]	質量[(1)(2)] [kg/m]	有効ねじ部の長さ [mm]	
					最大	最小
G16	21.0	±0.3	2.3	1.06	19	16
G22	26.5	±0.3	2.3	1.37	22	19
G28	33.3	±0.3	2.5	1.90	25	22
G36	41.9	±0.3	2.5	2.43	28	25
G42	47.8	±0.3	2.5	2.79	28	25
G54	59.6	±0.3	2.8	3.92	32	28
G70	75.2	±0.3	2.8	5.00	36	32
G82	87.9	±0.3	2.8	5.88	40	36
G92	100.7	±0.4	3.5	8.39	42	36
G104	113.4	±0.4	3.5	9.48	45	39

（注）（1）表5-1の質量は，ねじ部を含まない質量を示す。
　　　（2）管の1束（50kg以内）ごとの質量の許容差は，－7％とし，プラス側は規定しない。ただし，質量許容差の算出方法は，実測質量と計算質量との差を計算質量で除して百分率で表す。質量の数値は，1cm³の鋼を7.85gとし，次の式によって求め，JIS Z 8401によって有効数字3けたに丸める。
$$W = 0.02466\,t\,(D-t)$$
　　　ここに，W：管の質量 [kg/m]　　t：管の厚さ [mm]　　D：管の外径 [mm]

表5-2　薄鋼電線管の呼び方，寸法，質量及び有効ねじ部の長さ
　　　　並びに外径及び質量の許容差（JIS C 8305：1999）

呼び方	外径 [mm]	外径の許容差 [mm]	厚さ [mm]	質量[(1)(2)] [kg/m]	有効ねじ部の長さ [mm]	
					最大	最小
C19	19.1	±0.2	1.6	0.690	14	12
C25	25.4	±0.2	1.6	0.939	17	15
C31	31.8	±0.2	1.6	1.19	19	17
C39	38.1	±0.2	1.6	1.44	21	19
C51	50.8	±0.2	1.6	1.94	24	22
C63	63.5	±0.35	2.0	3.03	27	25
C75	76.2	±0.35	2.0	3.66	30	28

（注）（1），（2）は表5-1の（注）に同じ。

表5-3　ねじなし電線管の呼び方，寸法及び質量並びに外径及び質量の許容差（JIS C 8305：1999）

呼び方	外径 [mm]	外径の許容差 [mm]	厚さ [mm]	質量[(1)] [kg/m]
E 19	19.1	±0.15	1.2	0.530
E 25	25.4	±0.15	1.2	0.716
E 31	31.8	±0.15	1.4	1.05
E 39	38.1	±0.15	1.4	1.27
E 51	50.8	±0.15	1.4	1.71
E 63	63.5	±0.25	1.6	2.44
E 75	76.2	±0.25	1.8	3.30

（注）（1）は表5-1の（注）（2）に同じ。

（2） 鋼製電線管の付属品

　鋼製電線管の付属品は多種多様であるが，鋼，可鍛鋳鉄，又は鋳鉄製で，乾式亜鉛めっきの上に透明塗料を施してある。大部分のものは「電気用品安全法」の適用を受ける。主なものを示すと表5－4のとおりである。

表5－4①　鋼製電線管の付属品

用　途	名　称	図	要　項
管相互の接続に使用	カップリング		通常の接続に使用する。（材質：FCM[1]又はS[2]）　　　　　　　　　　　　　［電気用品］
	ユニオンカップリング		両方の管を回すことができない場合に使用する。（材質：FCM又はS）　　　　　　　　　　　　　［電気用品］
	ねじなしカップリング	グリップリング式　　セットスクリュー式	ねじを使用しない接続に使用する。図はグリップリング式とセットスクリュー式であるが，ほかにスプリングで押さえるもの，セットピンを打ち込んで押さえるもの，外部ねじで締めるもの，テルミット溶接のものなどがある。（材質：FCM又はS）　　　　　　　　［電気用品］
管の屈曲部に使用	ノーマルベンド	ねじ付き　　ねじなし	電線管を曲げ加工して製造する。以前，薄鋼電線管用は両端に内ねじが切ってあったが，新規格では厚鋼電線管用と同様，外ねじを施すことになっている。　　　　　　　　　　　　　［電気用品］
主として管の曲がるところや分岐点に使用	ユニバーサルエルボ	ねじ付き　　ねじなし	露出配管の屈曲部に使用するほか，ふたの代わりに絶縁板を取り付けてターミナルキャップとしても使用する。ハブの付き方によって多くの種類がある。（材質：SC[3]，ふたはS）　　［電気用品］
	C形エルボ		露出配管の屈曲部に使用する。（材質：SC，ふたはS）　　　　　　　　　　　　　［電気用品］
	サービスエルボ		C形エルボと同目的に使用する。図示のH形のほかにG形があり，防水の程度がよいので主として屋外に使用する。（材質：SC，ふたはS）　［電気用品］

(1)　FCM：可鍛鋳鉄
(2)　S：鋼
(3)　SC：炭素鋼

表5－4② 鋼製電線管の付属品

用　途	名　称	図	要　項
管端における電線の保護に使用	ターミナルキャップ（サービスキャップ）		がいし引き配線より金属管配線に移る場合に使用する。鋳鉄製で電線引出口に絶縁物（主に磁器）を備えている。B形はエントランスキャップと同目的にも使用する。　　　　　　［電気用品］
	エントランスキャップ（ウェザーキャップ）		雨水を防止する構造で配管の引込み口などに用いる。 ［電気用品］
	ブッシング		一般に管端における電線の保護に使用される。（材質：FCM） ［電気用品］
	絶縁ブッシング		金属管工事からがいし引き工事へ移る管端に使用するほか，上記と同目的に使用すると，より高い安全性が保持できる。ねじ部分が可鍛鋳鉄製のものと，ねじ部分が絶縁物で外郭を鋼板で補強したもののほか，全絶縁物製のものがある。　　　　　　　　　　［電気用品］
	ねじなしブッシング		ねじなし電線管の管端に使用する。 ［電気用品］
スイッチ,コンセント,照明器具などの取付け及び電線の接続用	スイッチボックス 1個用カバーなし 3個用カバー付き		カバーなしは小形1個用，1個用，2個用があり，主として木造壁に，カバー付きは1～5個用でコンクリート壁に使用する。鋼板製でカバーなしは厚さ1.2mm，カバー付きは1.6mmである。 ［電気用品］
	アウトレットボックス		八角・中形四角・大形四角の3種類で，それぞれ深さ44mmのものと54mmのものがあり，厚さ1.6mmの鋼板製である。 ［電気用品］
	コンクリートボックス		底板がねじ止めで取り外せるようになっている。主としてコンクリートスラブ（天井）に使用する。八角・中形四角・大形四角の3種類で，深さは44,54,75,90,100mmの5種類あり，厚さ2mmの鋼板製である。　［電気用品］

表5－4③　鋼製電線管の付属品

用途	名称	図	要項
	丸形露出ボックス		ハブの数により1方出から4方出まである。接続電線管の太さにより直径及び深さが異なる。鋳鉄製で通常，鋼板製のふたが付属する。 ［電気用品］
	露出スイッチボックス		1箇所1方出・2方出・2個用及び3個用1方出があり，鋳鉄製である。 ［電気用品］
	フロアボックス		床からコードを引き出すために床に埋め込んで使用する。直径が3種類，高さが2種類あり，工事に際し，床面高さと調節可能なものと不可能なものがある。鋳鉄製で通常砲金製床プレートが付属する。 ［電気用品（ボックスのみ）］
管とボックスとの接続締付け	ロックナット	六角形 歯車形	適合する管の呼び方が厚鋼電線管用では42mm以下，薄鋼電線管用では39mm以下のものは六角形で軟鋼製，54mm及び51mm以上は歯車形で可鍛鋳鉄製である。
	リングレジューサ		鋼板製ボックスのノックアウトが管より大きい場合に使用する。
	アダプタ		鋳鉄製ボックスのハブ部のねじ径が管より大きい場合に使用する。
	径違ニップル		径の異なったCD管とVE管を接続するときに使用する。

表5-4④　鋼製電線管の付属品

用　途	名　称	図	要　項
管の取付け	サドル	サドル　　クランプ（片サドル）	通常，軟鋼板製。硬質ビニル製もある。
管とボックスとの接続締付け	ボックスカバー		アウトレットボックスやコンクリートボックスに取り付けて使用する。ブランクカバー，塗りしろ小丸穴カバー，塗りしろスイッチ1個用カバー，塗りしろ小丸穴角カバー，塗りしろスイッチ2個用カバー，塗りしろ大丸穴角カバーなど種類が多い。なお，ブランクカバーはボックス全面にふたをする場合に使用する。
	継ぎ枠（エクステンションリング）		アウトレットボックスなどと壁面などの仕上げ面との高さ調整に用いる。鋼板製でボックスに合う大きさのものと，ボックスカバーの穴に合う大きさのものがある。
	フィックスチュアスタッド	ノーボルト形　外ねじ形　内ねじ形	コンクリートボックスなどの底に取り付けて照明器具の重量を支えるもので，近年，ノーボルト形が多く使用されている。
	フィックスチュアヒッキ		上記スタッドと照明器具のつり管を中継するのに使用する。

（3）アルミニウム電線管

　アルミニウム電線管は導電性がよく，軽くて比較的安価であるので，電線を保護する電線管として使用されている。サイズは薄鋼電線管と同じであるが，管の呼び径が15のものは規格化されていない。管の長さは4mである。管の肉厚は，アルミニウムの機械的強さを考え，薄鋼電線管に比べ管の呼び径が19〜51のものは0.4mm増し（2.0mm），管の呼び径が63と75のものは0.5mm増し（2.5mm）である。なお，付属品としてカップリングとノーマルベンドがある。

（4） 金属製可とう電線管 （JIS C 8309：1999）

可とう電線管には，フレキシブル電線管（フレキシブルコンジットと呼ばれるもの）とプライヤブル電線管（プリカチューブと呼ばれるもの）の2種類があり，内径120mm以下はすべて「電気用品安全法」の適用を受ける。

a　フレキシブル電線管

亜鉛めっきを施した厚さ0.8～1.2mmの鋼の条片を，ら旋状に約半幅ずつ重ね合わせて透き間なく巻いた金属電線管で，電線の引入れを容易にし，かつ電線を傷めないように内面を滑らかにしてある。鋼帯の重合せ方により，一重山形と二重山形の2種がある（図5－3）。JIS C 8309：1999「金属製可とう電線管」では一重山形（丸形）のものが定められている。また軟質のビニルチューブをかぶせたものもある。

(a) 一重山形（丸形）

(b) 二重山形（S形）

図5－3　フレキシブル電線管

b　フレキシブル電線管の付属品

ボックスと管の接続には，ストレートボックスコネクタ及びアングルボックスコネクタを使用する。両者とも可鍛鋳鉄製で亜鉛めっきを施してある。また，フレキシブル電線管相互の接続はスプリットカップリングで，フレキシブル電線管と鋼製電線管の接続はコンビネーションカップリングを使用する。スプリットカップリングは厚さ1.6mm以上の鋼板製，コンビネーションカップリングは可鍛鋳鉄製で，ともに亜鉛めっきが施してある。「電気用品安全法」の適用を受ける。

フレキシブル電線管の付属品を図5－4に示す。

(a) ストレートボックスコネクタ

(b) アングルボックスコネクタ

(c) スプリットカップリング

(d) コンビネーションカップリング

図5－4　フレキシブル電線管の付属品

c　プライヤブル電線管

　亜鉛めっきを施した厚さ0.15～0.18mmのごく薄い鋼帯を外部に，次に亜鉛めっきを施さない厚さ0.12～0.13mmの鋼帯，その内側に厚さ0.2～0.3mmのバルカナイズドファイバテープを各1/3ずつオーバラップさせ，緊密に重ねて，ら旋状に巻き締め，材料の巻き方向と逆方向に二重ら旋ねじを施して巻き戻りを防止するとともに，可とう性をもたせたものである。フレキシブル電線管に比して，防錆，防湿，耐久性及び電気的性能が優れているので，近年多く用いられている（表5－5，図5－5(a)）。

表5－5　プライヤブル電線管の寸法（JIS C 8309：1999）

（単位：mm）

可とう管の呼び	最小内径	外径	外径の許容差	ピッチ	ピッチの許容差
10	9.2	13.3	±0.2	1.6	±0.2
12	11.4	16.1			
15	14.1	19.0			
17	16.6	21.5			
24	23.8	28.8		1.8	±0.2
30	29.3	34.9			
38	37.1	42.9	±0.4		
50	49.1	54.9			
63	62.6	69.1	±0.6	2.0	±0.3
76	76.0	82.9			
83	81.0	88.1			
101	100.2	107.3			

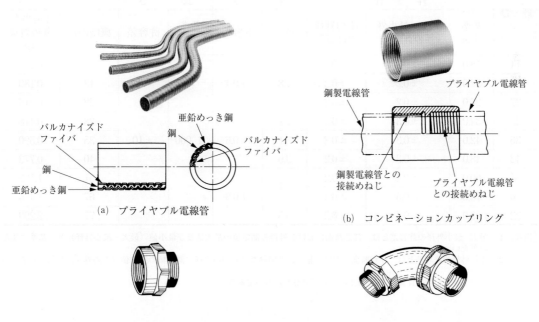

図5－5　プライヤブル電線管とその付属品

d　プライヤブル電線管の付属品

付属品は管の二重ら旋ねじにそのままねじ込んで使用できるようになっているのが特徴で，カップリング，コンビネーションカップリング，コンビネーションユニオンカップリング，ストレートボックスコネクタ，アングルボックスコネクタ，ブッシングなどがある（図5－5(b)～(d)）。

（5）硬質塩化ビニル電線管（JIS C 8430：1999）

合成樹脂管工事で電線を保護するために使用する電線管で，塩化ビニル樹脂又は塩化ビニルを主体とした適当な共重合樹脂を原料とし，これに少量の安定剤，顔料その他の添加剤を配合し，押出し加工によって製造したもので，電気的絶縁性，耐腐食性，耐薬品性，耐油性などに優れた性質をもっている。長さは4 000 mmが標準で，太さは厚鋼電線管に近く，肉厚は薄鋼電線管より比較的厚くなっている。種類は表5－6のとおりで，内径120 mm以下のものは「電気用品安全法」の適用を受ける。

なお，耐衝撃性硬質ビニル管（HIP）と呼ばれるものは，機械的衝撃にはなはだ強く，地中ケーブルの保護管としても使用される。

表5－6　硬質塩化ビニル電線管の寸法及びその許容差（JIS C 8430：1999）

（単位：mm）

呼び	寸法							参考	
	外径			厚さ		長さ		概略内径	1m当たりの質量 [kg]
	基準寸法	最大・最小外径の許容差	平均外径の許容差	最小	許容差	基準寸法	許容差		
14	18.0	±0.2	±0.2	1.8	+0.4	4 000	±10	14	0.144
16	22.0	±0.2	±0.2					18	0.180
22	26.0	±0.2	±0.2					22	0.216
28	34.0	±0.3	±0.2	2.7	+0.6			28	0.418
36	42.0	±0.3	±0.2	3.1				35	0.590
42	48.0	±0.3	±0.2	3.6				40	0.773
54	60.0	±0.4	±0.2	4.1	+0.8			51	1.122
70	76.0	±0.5	±0.2					67	1.445
82	89.0	±0.5	±0.2	5.5				77	2.203

［備考］　1．最大・最小外径の許容差とは，任意断面における外径の測定値の最大値及び最小値（最大・最小外径）と，基準寸法との差をいう。
　　　　2．平均外径の許容差とは，任意断面における相互に等間隔な二方向の外径の測定値の平均値（平均外径）と基準寸法との差をいう。
　　　　3．表中1m当たりの質量は，密度1.43 g/cm^{3}で計算したものである。

(6) 硬質塩化ビニル電線管用付属品

硬質塩化ビニル電線管の付属品は管と同様な原料で製造されている。「電気用品安全法」の適用を受けるほか，JIS C 8432：1999に規格が定められている。

a カップリング

管相互及びコネクタと組み合わせて，管とボックスの接続に使用されるもので，TSカップリング，送りカップリング及び伸縮カップリングがある（図5－6）。

TSカップリングは，両口ともTS受け口（テーパ形受け口）になっているもので，カップリングに管を差し込んで用いる。

送りカップリングは，短小な管状で内部に管止めのないもので，両方の管が移動できないときに用いる。

伸縮カップリングは，一方がTS受け口で，他方が並行受け口（伸縮受け口という）になっているもので，温度により管の伸縮がはなはだしい場所に用いられる。

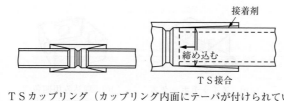
(a) TSカップリング（カップリング内面にテーパが付けられている）

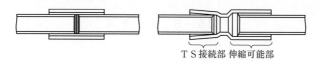
(b) 送りカップリング　　(c) 伸縮カップリング

図5－6　カップリング

b コネクタ

コネクタには，1号コネクタと2号コネクタがあり，ハブのないボックスと管を接続するのに用いる（図5－7）。

1号コネクタはボックス内部から差し込み，これと管をカップリング接続かスリーブ接続により接続する。

2号コネクタは，おねじをもったニップル部をボックス内部から差し込み，これとめねじをもったカップリング部をねじ接続してボックスに固定し，管はTS受け口に差し込んで接続する。

第5章　配線・工事材料

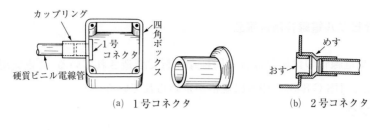

(a) 1号コネクタ　　　　　(b) 2号コネクタ

図5-7　コ ネ ク タ

c　合成樹脂製ボックス及びボックスカバー（JIS C 8435：2018）

ボックスには，ハブ付きのものとハブのないものがある。ハブ付きのものには，ハブがボックス本体と一体構造に成形されたものと接合したものがあり，ハブはTS受け口になっている。また，ハブのないものには，ノックアウトのないものとあるものがある。ボックスカバーを留める部分（ボスという）には，黄銅製ねじが埋め込んである。各種ボックスを図5-8に示す。

(a) 露出用丸形ボックス　　(b) スイッチボックス　　(c) 埋込み用四角アウトレットボックス　　(d) 八角コンクリートボックス

図5-8　ボ ッ ク ス

d　ノーマルベンド

ノーマルベンドは，配管が直角に曲がる箇所に用いるものである。ノーマルベンドの両端には，TS受け口が設けてあり，管はこのTS受け口に差し込んで接続する（図5-9）。

図5-9　ノーマルベンド

e　キャップ（JIS C 8432：1999）

キャップは，合成樹脂管工事からがいし引き工事に移る場合，電線被覆を保護するために，管端に取り付けるものである。キャップには，エントランスキャップ（EC）とターミナルキャップ（TC）の2種類があり，硬質ビニル製で，形状は鋼製電線管とほぼ同じである。管はキャップの受け口に差し込んで接続する。

（7）合成樹脂製可とう電線管（JIS C 8411：1999）

可とう性をもった合成樹脂製電線管には，"PF管"及び"CD管"の2種類があり，これを総称して"合成樹脂製可とう電線管"と呼びJIS規格化された（図5-10）。

合成樹脂製可とう電線管の種類，形状及び記号を表5－7に，寸法及び寸法許容差を表5－8に示す。

表5－7　合成樹脂製可とう電線管の種類，形状及び記号　（JIS C 8411：1999）

種　類	管の構成	形　状	記　号
PF管	複層管	波付管	PFD
		平滑管	PFD-P
	単層管	波付管	PFS
		平滑管	PFS-P
CD管	単層管	波付管	CD
		平滑管	CD-P

（注）　PF管：プラスチックフレキシブル管
　　　　CD管：コンバインドダクト管

図5－10　合成樹脂製可とう電線管

表5－8　合成樹脂製可とう電線管の寸法（JIS C 8411：1999）

（単位：mm）

PF管				CD管			
呼　び	外　径	外径の許容差	参考内径	呼　び	外　径	外径の許容差	参考内径
14	21.5	±0.30	14	14	19.0	±0.30	14
16	23.0		16	16	21.0		16
22	30.5	±0.50	22	22	27.5	±0.50	22
28	36.5		28	28	34.0		28
36	45.5		36	36	42.0		36
42	52.0		42	42	48.0		42

材質は，PF管は一般にポリエチレン，ポリプロピレンなどに塩化ビニル管をかぶせて自己消火性をもたせた構造のものが主流であるが，自己消火性をもった材料でつくられた一層管の製品もある。CD管はポリエチレン，ポリプロピレンなどでつくられた管で，可燃性のものが主流である。

PF管は，露出，コンクリート埋込み用として用いられる。CD管は，低圧回路，弱電流回路，小勢力回路の配線の保護パイプとして，コンクリート内埋込み用として用いられる。ただし，PF管及びCD管は，「建築基準法」の不燃・準不燃及び難燃材料のいずれにも該当しないので，防火区画貫通部には使用できない。合成樹脂製可とう電線管の構造を図5－11に示す。

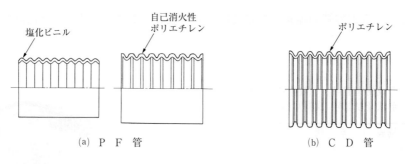

図5-11 合成樹脂製可とう電線管の構造

(8) 合成樹脂製可とう電線管用付属品（JIS C 8412：1999〈追補：2006〉）

合成樹脂製可とう電線管用付属品については，JIS C 8411：1999「合成樹脂製可とう電線管」が規定されると同時にJIS C 8412：1999〈追補：2006〉「合成樹脂製可とう電線管用附属品」でカップリング，コネクタ及びコンビネーションカップリングが規定された。

これら合成樹脂製可とう電線管用付属品を図5-12に，図5-13にPF・CD管の施工例を示す。

図5-12 合成樹脂製可とう電線管用付属品

第1節 電路材料

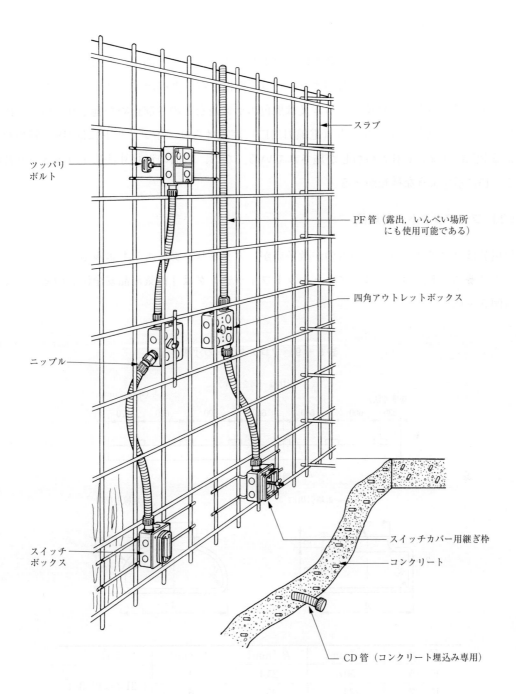

図5-13 PF・CD管の施工例

1.2 ダクトと線ぴ

（1）フロアダクト

事務所などのコンクリート床の各所にアウトレットを設けるために，床内に埋め込んで使用するものである。フロアダクトは厚さ2mmの軟鋼板を電気抵抗溶接又はガス溶接をして製作し，乾式亜鉛めっき，溶融亜鉛めっき又は黒色エナメルなどのさび止めが施されている。図5－14のように上向きにインサート（電線引出口）が設けられ，インサートにはJISの管用ねじによるPF3／4又はC31のめねじが施されている。なお，断面の形状寸法により表5－9及び図5－15に示すような種類がある。

（2）フロアダクトの付属品

付属品はフロアダクト独特のものが数多いが，カップリング，エンドエルボ，エンドコネクタ，ダクトエンド，ボックス，アウトレットフィッチングは「電気用品安全法」の適用を受ける（図5－16）。

表5－9　フロアダクトの寸法

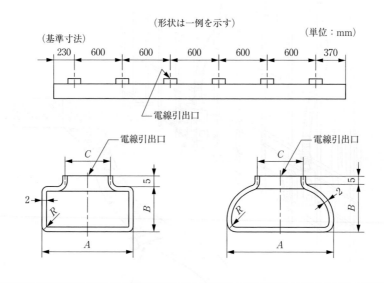

種　類	A [mm]	B [mm]	R [mm]	C
F　5	50.8	25.4	4	C 31又はPF 3/4のめねじ
F　7	73	35	6	
FC　6	60	23.5	5	

第1節　電路材料

(a) F5ダクト　　(b) FS6ダクト

図5-14　フロアダクト

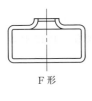 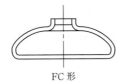 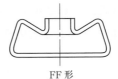

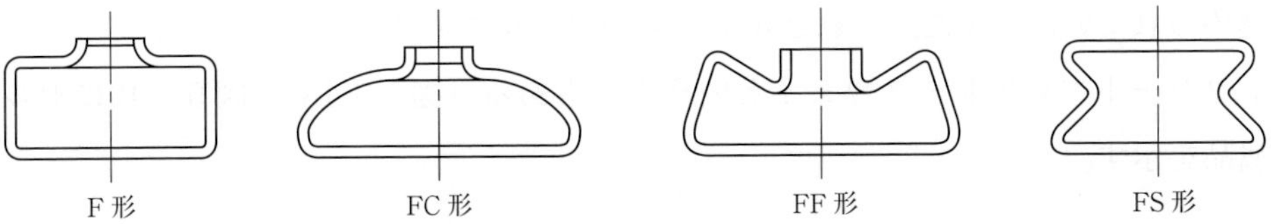

F形　　　　FC形　　　　FF形　　　　FS形

図5-15　フロアダクト各形の断面

F5用　　FC6用　　FS6用　　(b) エンドコネクタ（フラッシュ形）

(a) カップリング

1ダクト用　　2ダクト用　　F5用　　FC6用

(c) ジャンクションボックス　　(d) ダクトエンド（1ダクト用）

F5-1, FC6-1用　　　　シリンダー形

(e) インサートマーカ　(f) インサートキャップ　(g) ダクトサポート

(h) ローテンション内線電話用　　(i) ハイテンション扉付きコンセント

図5-16　フロアダクトの付属品

（3）セルラメタルフロアレースウェイ

　鋼製フロアダクトをより一歩進めて床自体を波形鋼板で形成し，その空洞部分を配線に利用するもので，その空洞部分をセルと呼び，特殊工具で適宜に穴をあけ，床にも天井にも電線を引き出すことができる。所要のセルにはこれに交差するヘッダを経て電源との間を電線でつなぐものである（図5－17）。現在のところ，これを使用する工事は技術基準で認められていないが，アメリカなどでは高層建築などに多く使用されており，我が国でも超高層建築用として研究が進められている。また，これと類似のものにプレキャストコンクリートでつくられたセルラコンクリートフロアレースウェイというものもある（図5－18）。図5－19にセルラダクトの付属品を示す。

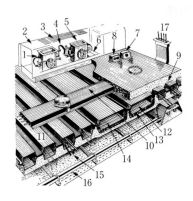

1. コントロールチムニ
2. 通気装置のおおい
3. 通気装置グリル
4. ユニバーサル
5. 空調用チムニ
6. 通気装置のベース
7. 容易かつ速やかに移動できる電話用アウトレットヘッド
8. 容易かつ速やかに移動できる電力用アウトレットヘッド
9. コンクリートの被覆は床上に通常約65mm施す
10. クロスオーバヘッダはセルを横切ってセル電線を導く
11. 各セルは電気配線用の管路である
12. 温かい空気用のセル
13. 断熱材
14. 冷たい空気用のセル
15. 電気用のセル
16. 吸着性つり天井
17. 分電盤へ至る

図5－17　セルラメタルフロアレースウェイ

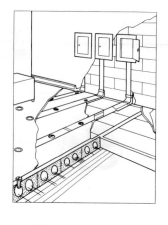
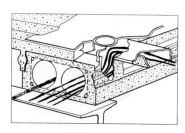

図5－18　セルラコンクリートフロアレースウェイ

(a) ヘッダカップリング　(b) ヘッダダクト　(c) 垂直エルボ

(d) セルボックス（アップコン用　(e) インサートユニット　(f) 調整用スタット　(g) インサートマーカピン
　　インサートマーカ付き）

フロアプレート用　アップコン用

(h) インサートキャップ　(i) 調整リング

角形　　丸形

(j) ハイテンションアウトレット　(k) ローテンションアウトレット

図5-19　セルラダクトの付属品

（4）金属ダクト

　工場，ビルディングなどで絶縁電線又はケーブルを収めて配線する鋼板製のダクトで，多数の電線を収めるのに便利で，低圧幹線や照明器具の取付け配線などに利用されている。ダクトは厚さ1.2mm以上の鋼板を溶接して製作し，亜鉛めっき又は黒色エナメルなどのさび止めが施されている。また，大きなものは厚さ1.6mmの鋼板を使用し，さらに大きいものは山形鋼などで補強する。ダクトの終端部は閉じることができ，内部にほこりが侵入しない構造のものでなければならない。電線収容量，配線の方式により種々の形状寸法のものが製作されていて，内部に区画を設けた2セクションダクト，3セクションダクトもある。大形は一般に注文

製作であるが，最近では小形の既製品もつくられており，数種の断面のものがある。これは，広い工場の天井などに照明器具を連続して取り付けるときなどに便利なので，普及している。付属品としてカップリング，各種分岐用付属品，エンドキャップ，ハンガーなど豊富にある。金属ダクトを図5－20に示す。

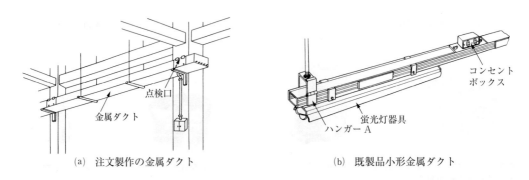

図5－20　金属ダクト

（5）金属線ぴ

金属線ぴは，昭和49年12月に「電気用品取締法」（現「電気用品安全法」）の改正により1種と2種金属線ぴが法令化された。線ぴは鋼板（帯）をC形に成形したもので，本体とふたからなっている。幅は50mm以下で，「電気用品安全法」の適用を受ける。

a　1種金属線ぴ

1種金属線ぴは，増設や移設などの露出配線に用いられていたが，最近は需要が減っている。我が国で製造されているものは，一般に厚さ1.0mm以上の鋼板をプレス加工し，内外面に亜鉛めっきを施し，その上に透明なエナメルを塗装したものである。この型をメタルモールディングという。「電気用品安全法」で1種金属線ぴと規定しているのはこの型に属するもので，A型とB型の2種類がある。長さは，1 800mmで1.6mmビニル絶縁電線4線用であるが，2線用もある。付属品は，1種金属線ぴ独特なカップリング，コネクタ，エルボ，ブッシング，ボックスなどがある。

b　2種金属線ぴ

2種金属線ぴは1種金属線ぴに代わって，最近では工場，事務所，倉庫などの露出配線や照明器具の取付けに多く用いられるようになった。我が国で製造されているものは，一般に厚さ1.6mm以上の鋼帯をプレス加工し，内外面を溶融亜鉛めっき処理したものである。この型をレースウェイという。「電気用品安全法」で2種金属線ぴと規定しているのはこの型に属するもので，A～F型の6種類があり，長さは2 000，3 000，4 000mmなどがある。付属品には，ジャンクションボックス，エルボ，継ぎ金具，つり金具，ふた止め金具，コンセントボックス，エンドキャップなどがある（図5－21）。レースウェイは，照明器具の取付けと配線が同

時にでき，しかも増設や配線替え，保守点検が容易など電線管工事にない特徴があり，ライン照明に適している。

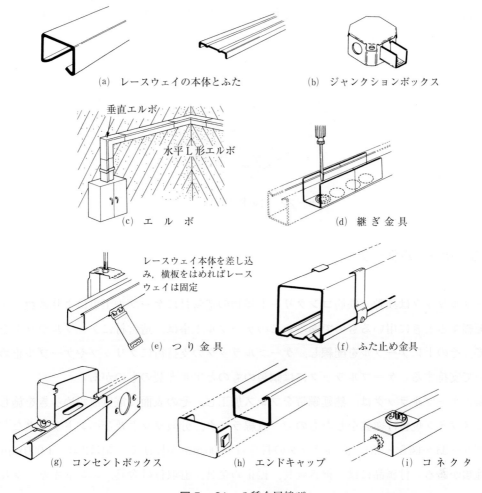

図5－21　2種金属線ぴ

(6) 合成樹脂線ぴ

硬質塩化ビニル射出成形によって製造され，身（ベース）とふた（キャップ）の部分からなっている（図5－22）。「電気設備技術基準」では，原則として溝の幅及び深さが3.5cm以下，厚さ1.2mm以上（人が容易に触れるおそれがないように施設する場合は，幅が5cm以下のものを使用することができる）となっており，形状，寸法ともに数種のものが製造されている。現在市販されているものには，厚さ1.2及び1.5mmのものがあるが，厚さ1mmのものは人が容易に触れるおそれのない場合しか絶縁電線を収めて施設することはできない。長さは2m又は4mのものがある[4]。

---

[4] ただし，合成樹脂線ぴ工事は，2011年に「電気設備の技術基準の解釈」から削除されている。

主にプレキャストコンクリート工法による住宅の回り縁，さお縁などを兼ねて絶縁電線を収めたり，平形ビニル外装ケーブルによる露出配線の防護や体裁を整えるために使用されている。付属品は，端口をふさぐエンドがあり，専用の配線器具やケーブルジョイントボックスなどがある。

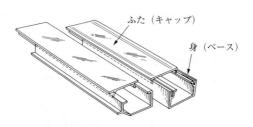

図5－22　合成樹脂線ぴ

1.3　ケーブルラック

　ケーブルラックは鉄骨，鉄筋コンクリート建物の造営材にケーブル工事により多数のケーブルを配線するときに用いるものである。このケーブル工事は，造営材にケーブルラックを取り付けて，その上にケーブルを配線し，ケーブルラックの支持桁(けた)にクリップやケーブル止め金具を用いて支持する。ケーブルラックには鋼製のものとアルミ製のものがある。

　鋼製のケーブルラックは，熱延鋼帯をプレス加工し，その表面に電気亜鉛めっきを施し，その上にメラミン焼付け塗装をしたもので，直線ラック，分岐ラック及びベンドラックなどがある（図5－23～図5－25）。直線ラックの長さは3 000mmが標準で，幅は200～1 000mmまでの9種類がある。付属品には，継ぎ金具，振止め金具，盤取付け金具，エンドキャップ及びつり金具などがある（図5－26）。

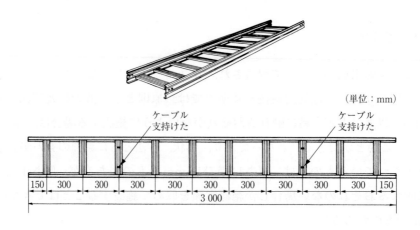

図5－23　直線ラック

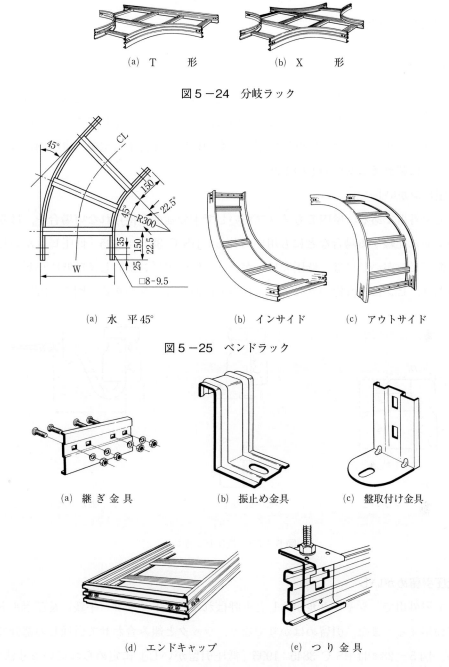

(a) T 形　　　　(b) X 形

図5-24　分岐ラック

(a) 水　平 45°　　(b) インサイド　　(c) アウトサイド

図5-25　ベンドラック

(a) 継ぎ金具　　(b) 振止め金具　　(c) 盤取付け金具

(d) エンドキャップ　　(e) つり金具

図5-26　付　属　品

　アルミ製のケーブルラックはアルミ合金帯をプレス加工し，その表面にアルマイト加工を施したものである。アルミ製のものは，鋼製のものに比して軽量でさびないので，取付け工事や運搬が容易で，防錆のための管理費が軽減できる。なお，最近では合成樹脂製のものもつくられている。

1.4 がいし，がい管

(1) 低圧がいし

低圧架空電線路，低圧屋内配線又は低圧屋側配線のがいし引き工事で電線を支持するために使用するもので，良質の磁器でつくられ，表面にはうわぐすりが施してある。色は白色が普通であるが，低圧架空電線路など屋外に使用するものには，支持する電線（電圧側と接地側）を識別するために茶色又は水色のものもある。

a 低圧ピンがいし

主として屋外用である。屋内でもノブがいしで十分強度が得られない場合や，はりなどの造営材の上面に配線する場合などにも用いられる。JIS C 3844：1995「低圧ピンがいし」に定められた低圧ピンがいしには，低圧大ピンがいし，低圧中ピンがいし及び低圧小ピンがいしの3種類があり，ピンには直線の立ちピンとU字形の曲がりピンがある（図5－27）。

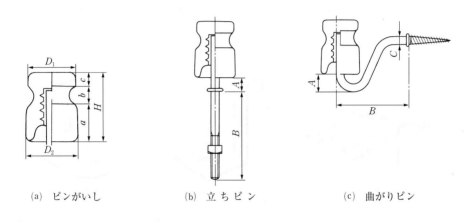

(a) ピンがいし　　(b) 立ちピン　　(c) 曲がりピン

図5－27　低圧ピンがいし

b 低圧引留めがいし

主として屋外用で，シャックルがいしとも呼ばれる。ストラップ（平鉄）及びボルトと組み合わせて使用する。また，引留めばかりでなく，ラックと組み合わせて引通しの部分にも使用している。図5－28(a)はJIS C 3845：1995「低圧引留がいし」に定められている寸法である。なお，DV線を用いた引込み線の引留め用としては，平形がいしがある。また，玉がいしも支線用としてのほか，引留めに使用される。

図5－28(b)にストラップとボルトの例を示す。

(2) 高圧がいし

高圧架空電線路又は高圧屋内配線のがいし引き工事などで，電線を支持するために使用する

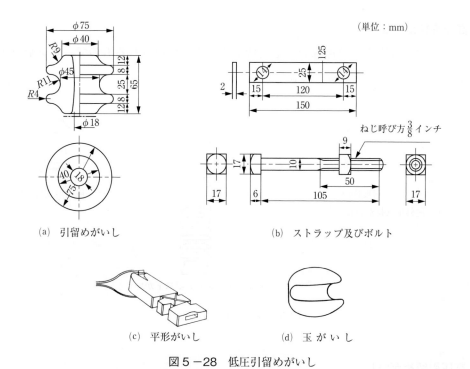

(a) 引留めがいし (b) ストラップ及びボルト

(c) 平形がいし (d) 玉がいし

図5−28 低圧引留めがいし

もので，良質の磁器でつくられ，表面にうわぐすりが施してある。

a 高圧ピンがいし

主として高圧架空電線路の支持物に電線を支持するために使用されるもので，大，小の2種があり，大は主として6kV級，小は主として3kV級に使用される。付属するピンは亜鉛めっきしたもので，接着剤を用いて植え込まれている（図5−29）。なお，塩害多発地区に使用される耐塩がいしもある。

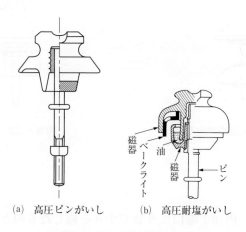

(a) 高圧ピンがいし　(b) 高圧耐塩がいし

図5−29 高圧ピンがいし

b 高圧支持がいし

支持がいしは変電室などで母線などを支持するために使用されるもので，ピン形，円筒形，円すい形及び円板形などがある（図5－30）。

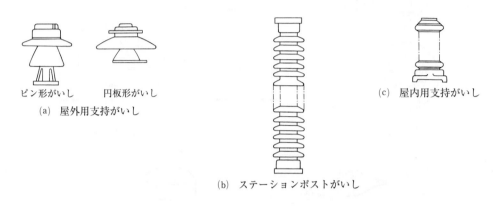

図5－30 高圧支持がいし

c 高圧引留めがいし

大，中，小の3種類があり，大は主として6kV級，中及び小は3kV級に使用するもので，取付けにはストラップとストラップボルトを用いる（図5－31）。

d 高圧耐張がいし

主として6kV級配電線の引留めに使用されるもので，高圧引留めがいしよりも絶縁能力が高く，塩じん（塵）に対する汚損耐電圧特性もよい。塩害地域では2～3連にしたり，キャップを風上に向けるなどしている（図5－32）。

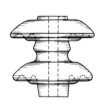

図5－31 高圧引留めがいし

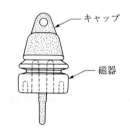

図5－32 高圧耐張がいし

（3）がい管

良質の磁器でつくられ，内面と端口にうわぐすりを施したものと硬質ビニル製のものがある。がい管は電線が造営材を貫通する部分，電線相互，電線と他の工作物が接触するおそれのある箇所などに使用される。

a　低圧がい管

低圧がい管は電線の交差箇所や造営材との接近場所などに用いられる。管外径により大（36 mm），中（24 mm），小（15 mm）の3種類があり，長さは，大は200と300 mm，中と小は150，200，300 mmのものがある（図5-33(a)）。

b　低圧つば付きがい管

屋内つば付きがい管と引込みつば付きがい管の2種類があり，屋内つば付きがい管は木台などの貫通箇所に用いられる。引込みつば付きがい管は引込み口の造営材貫通箇所に用いられ，管外径により中（26 mm），小（17 mm）の2種類があり，長さはともに180 mmである（図5-33(b)，(c)）。

(a)　普通のがい管　　(b)　つば付きがい管　　(c)　引込みつば付きがい管

図5-33　低圧がい管

c　硬質ビニルがい管

低圧がい管と同じ用途に用いられ，硬質ビニル電線管を適当な長さに切断したものとビニル細管がある。ビニル細管は，管外径により大（14 mm），中（11 mm），小（7 mm）の3種類があり，長さは，大と中は150，200，300 mm，小は150と200 mmのものがある。

d　高圧がい管

建物の貫通箇所などに使用され，高圧引込みがい管と高圧屋内がい管がある。それぞれ太さ，長さによって数種類のものがある（図5-34，表5-10）。

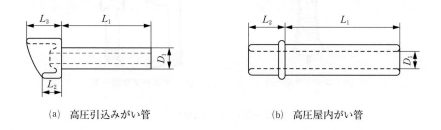

(a)　高圧引込みがい管　　(b)　高圧屋内がい管

図5-34　高圧がい管

表5-10 高圧がい管 (JIS C 3824：1992)

(a) 高圧引込みがい管寸法　　　　（単位：mm）

種類		L_1	D_1	L_2	L_3
325	高圧引込みがい管	300	25±2	50	90
425	〃	400	25±2	50	90
525	〃	500	25±2	50	90
340	〃	300	40±3	50	95
440	〃	400	40±3	50	95
540	〃	500	40±3	50	95

(b) 高圧屋内がい管寸法　　　　（単位：mm）

種類		L_1	D_1	L_2
225	高圧屋内がい管	200	25±2	75
325	〃	300	25±2	75
240	〃	200	40±3	75
340	〃	300	40±3	75

(4) ネオンがいし（JIS C 3825：1977）

ネオン工事の高圧側の配線に使用するがいしで，ネオン電線を支持するコードサポートと，ネオン管を支持するチューブサポートがある。JISで規定されているのは磁器製であるが，ガラス製のものもある。コードサポートは高さ70mmで，さら小ねじ又はさら木ねじが植え込まれている。チューブにサポートにはL形，T形の2種類があり，それぞれ高さは60, 75, 90, 105mmの4種類で，造営材に取り付ける部分には振動で管が破損しないように，スプリング金物が取り付けられている（図5-35）。

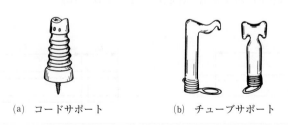

(a) コードサポート　　　(b) チューブサポート

図5-35 ネオンがいし

1.5 ケーブルトラフ類

地中電線の保護材として，陶管，陶製トラフ，コンクリートトラフ，ヒューム管，鋼管などがある。

(1) 陶 管

表面にうわぐすりを施した陶器で、ケーブルを通す穴の数によって2, 4, 6, 9穴の4種類があり、孔の内径は、φ90, φ100, φ120, φ150, φ200の5種類である。従来のものはセメントによって固定接続するものだが、ボルトで接続するボルト締め形多こう（孔）陶管もつくられている。4穴陶管を図5－36に示す。

図5－36　4穴陶管

(2) 陶製トラフ

陶製のふた付きの溝で、正角形、平角形、U形、U形2条用、T形などの種類があり、それぞれ種々の寸法のものがある。

(3) コンクリートトラフ

振動法又は圧縮法によって製造したもので、無筋と有筋（鉄筋入り）のものがある。鉄筋入りのものは、JIS A 5372：2016「プレキャスト鉄筋コンクリート製品」では大きさをトラフの上口寸法によって70～620mmまで19種類に分けている（表5－11）。トラフには直線用のほか、分岐用、曲線用、こう配用がある（図5－37）。

表5－11　鉄筋コンクリートケーブルトラフ

種類 (呼び)	70	100	120	120C	150A	150B	150C	200A	200B	200C
上口寸法 [mm]	70	100	120	120	150	150	150	200	200	200
種類 (呼び)	250	300	300C	330	400	430	430C	550	620	
上口寸法 [mm]	250	300	300	330	400	430	430	550	620	

第5章 配線・工事材料

図5-37　コンクリートトラフ
出所：㈱安達コンクリート工業

図5-38　ヒューム管
出所：中川ヒューム管工業㈱

(4) ヒューム管

遠心力鉄筋コンクリート管と呼ばれるもので、長さは2m、太さは内径で表示し、100～350mmの7種類がある（図5-38）。

(5) Zパイプ（硬化瀝青管）

クラフト紙を重ね巻きして形成した管にピッチを加圧含浸したもので、標準長は4mである。軽量で強度もあり、地中ケーブルの保護管として用いられる。

第2節　配線材料

負荷の開閉はスイッチで行われる。そこで，この節では配線材料としてフラッシプレート，スイッチ，接続器具について説明する。

2.1　フラッシプレート

埋込みコンセント，埋込みスイッチなどの上から取り付け，充電部の防護と仕上がり体裁をよくするために用いられる。材質は，黄銅，ステンレス鋼，アルミニウム，合成樹脂などがあり，図5-39に示すような種類がある。

図5-39　フラッシプレート

出所：(f)　パナソニック㈱　エコソリューションズ社

2.2 スイッチ

(1) 屋内用小形スイッチ (JIS C 8304：2009)

　タンブラスイッチ，回転スイッチなどのように，電灯の点滅，電熱器回路の開閉，熱の調節，小形電動機の始動停止などに使用される。容量は定格電圧125，250又は300V，定格電流は1～30Aのものがあり，タンブラスイッチ，ロータリスイッチ，プルスイッチのなかには二重定格のものがある（表5－12）。

表5－12　二 重 定 格

定格電圧 [V]	定格電流 [A]					
250	1	3	6	7.5	10	20
125	3	6	10	15	20	30

a　開閉方式

開閉方式により分類すると，次のようになる。

(a)　単極スイッチ

　回路の1線だけを開閉するもので，電灯や電気機器の点滅に使用される。このスイッチは片切スイッチともいわれ，最も多く使用されている（図5－40）。

　負荷のON又はOFF表示をするために，押しボタンの部分をパイロットランプで表示するものをパイロットスイッチという。また，押しボタン部分にネーム表示できるものをネームスイッチという。

(b)　二極スイッチ

　回路の2線を開閉するもので，単極スイッチと同様な用途のほか，異なる回路の点滅に使用される。このスイッチは両切スイッチともいわれている（図5－41）。

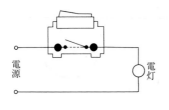

図5－40　単極スイッチ

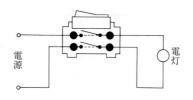

図5－41　二極スイッチ

(c) 三路スイッチ

3個の端子のある切替えスイッチで、電灯1灯ないし数灯を2箇所で自由に点滅するのに使用される。

なお、図5-42(a)に示すように、結線は同極を切り替える。

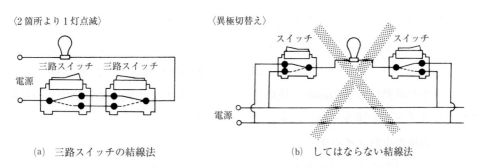

図5-42　三路スイッチ

(d) 四路スイッチ

4個の端子のある切替えスイッチで、三路スイッチと併用して、電灯1灯ないし数灯を3箇所以上で自由に点滅するのに使用される（図5-43）。

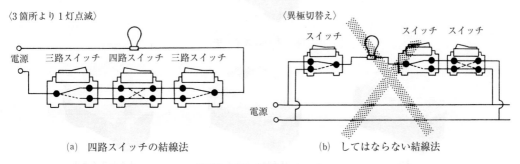

図5-43　四路スイッチ

b　タンブラスイッチ

つまみを上下又は左右に起倒することによって点滅を行うもので、トングルスイッチとも呼ばれている。近年はつまみの点滅操作を親指だけでできるようにした波動スイッチが多くなり、水銀接点その他の機構で点滅のときに生ずる音を極力小さくしたサイレントスイッチと呼ばれるものがある。

埋込み形と露出形に大別されるが、合成樹脂線ぴに適合するような寸法、構造になったものもある。埋込み形には金属（黄銅が多い）か尿素樹脂製のプレートを取り付けるが、取付けに当たってスイッチボックスを必要としないボックスレス形もあり、露出形の多くは、平形ビニル外装ケーブル配線に適応したものがほとんどである。

露出形には，角形と丸形があり，角形には1個用，2個用又は3個用がある。埋込み形には，単独取付けの比較的大形のものと連用形と称して，取付け枠に2～3個集合取付けできるような小形のものがある。なお，連用形はコンセント，押しボタン，パイロットランプとも互換性があり，それらを組み合わせて取り付けることができる。

電線の接続は，従来端子ねじに線心を巻締めする構造のものがほとんどであったが，口出線付き押締めねじ形や電線の絶縁物を所定の長さにはぎとって，端子穴に差し込むだけで接続されるスクリューレス形もある。タンブラスイッチは，単極，2極のほかに三路，四路スイッチがあり，定格電流は1，3，6，10，15，20，30Aのものがあるが，普通10Aのものが多く，電灯，電熱，小形電動機などの開閉に使用される。いずれも「電気用品安全法」の適用を受ける。タンブラスイッチを図5－44に示す。

c　その他の屋内小形スイッチ

名称，極数，定格電流及び用途を表5－13に，主な種類を図5－45に示す。

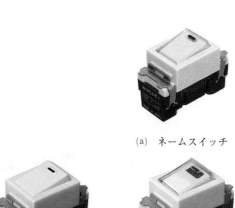

(a) ネームスイッチ

連用形

パイロットスイッチ

ホタルスイッチ

(b) 連用埋込み波動スイッチ

1個用

2個用

(c) 露出角形波動スイッチ

図5－44　タンブラスイッチ

出所：パナソニック㈱　エコソリューションズ社

表5-13 その他の屋内小形スイッチ

名　　称	極　数	定格電流[A]	摘　　要
タンブラスイッチ	1, 2	1, 3, 6, 10, 15, 20, 30	つまみを上下に起倒するか, 波動（特に波動スイッチという）して点滅を行うもので, 電灯電熱・小形電動機用である
ロータリスイッチ	1, 2	1, 3, 6, 10, 15, 20, 30	つまみを回転させて点滅するもので, タンブラスイッチと同用途である
押しボタンスイッチ	1, 2	0.5, 1, 3, 6, 10, 15, 20, 30	押しボタンが1個のものと2個のものがある。1個のものにはボタンを押すとスイッチが入り, 離すと切れるものと, ボタンを押すと交互に入切するものがある。2個のものは一方を押すと入り, 他方を押すと切れるもので, タンブラスイッチと同用途及び信号用である
プルスイッチ	1, 2	1, 3, 6, 10	ひもを引いて点滅を行うもので, タンブラスイッチと同用途である
キャノピスイッチ	1	1, 3, 6	電灯器具のフランジに取り付ける。多くは引きひもがあるが, つまみがついているものもある
コードスイッチ	1	1, 3, 6	電灯・小形器具のコードの中間に取り付ける
ペンダントスイッチ	1	1, 3, 6	電灯・小形器具のコードの終端に取り付ける
ドアスイッチ	1	1, 3, 6	ドアの開閉で操作する
ヒータスイッチ	1, 2	7.5, 10, 20	電熱器用, 通常は3段切替えである

(a) 押しボタンスイッチ

(b) 押しボタンスイッチ（信号用）

(c) プルスイッチ

(d) キャノピスイッチ

(e) ペンダントスイッチ

(f) コードスイッチ

図5-45 その他の屋内小形スイッチ

出所：(a) パナソニック㈱ エコソリューションズ社

(2) リモコンスイッチ及びリモコンリレー

　リモコン（リモートコントロール）スイッチは，小勢力回路によってリモコンリレーを操作し，このリレーによって電灯などの点滅を行う一種の遠隔操作用スイッチである。スイッチは定格24V，1A又は3Aで入，切2接点を有し，押した後は自動的に復帰する。また，1箇所で操作するために，リモコンスイッチを集合一体化したセレクタスイッチや操作状態を示す表示ランプ付きのものもある。

　リモコンスイッチ及びリモコンリレーを用いることで，電灯設備の点滅管理や省エネルギー点灯などを一括制御することが可能となり，管理の一元化が容易となる。そのため，大規模なビルや工場，商業施設などの照明制御システムとして広く普及し，使用されている。

　リモコンリレーは一種の電磁開閉器で，電圧24Vの操作コイルで電磁石を動作して主回路の可動接点を開閉させ，動作後は，コイルが無通電状態になっても機械的にその状態を保持するようになっている。主回路開閉部（主接点）の定格は125V，300V（10A，15A，20A）である。なお，リモコンリレーは「電気用品安全法」の適用を受ける。リモコンスイッチ類を図5-46に，リモコンリレーの動作原理を図5-47に示す。

(a) リモコンスイッチ　　(b) リモコンセレクタスイッチ

(c) リモコンリレー　　(d) リモコントランス　　(e) リモコンセンサ連動ユニット

図5-46　リモコンスイッチ類

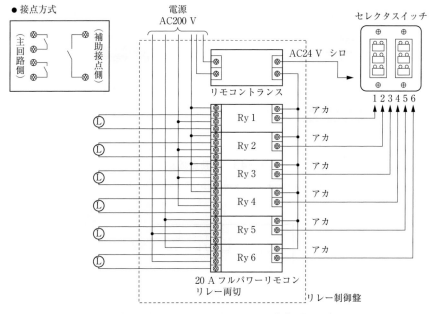

図5-47　リモコンリレーの動作原理

(3) 自動点滅器

　自動点滅器には，金属の熱膨張を利用したもの，気体の熱膨張を利用したもの，光電現象を利用したもの，硫化カドミウム（CdS-cell）を用い，半導電性を利用したものなどがある。これらのうち，硫化カドミウムを用いた光導電セル方式の自動点滅器が街路灯用として多く用いられている。これは，内蔵した小形電磁継電器で電灯回路を開閉するものと，セルと直列接続したヒータの熱でバイメタルを動作させて開閉するサーマルリレー式がある。自動点滅器は街路灯，公衆電話ボックスの照明など夕刻点灯し，朝時消灯したり，学校，工場など雨天，曇天などで一定照度より暗くなったとき電灯を点灯させるなどに利用される。四季による動作時刻の変化の一例を図5-48に示す。

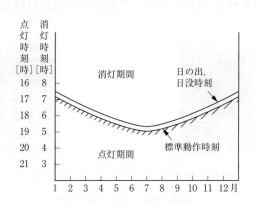

図5-48　四季による動作時刻の一例

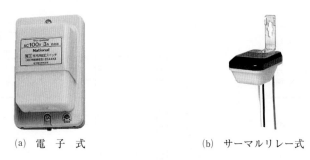

(a) 電子式　　　　　　　(b) サーマルリレー式

図5-49　自動点滅器

出所：(b) パナソニック㈱　エコソリューションズ社

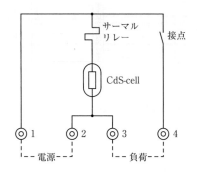

図5-50　サーマルリレー式自動点滅器内部回路図

　自動点滅器の方式を図5-49に，サーマルリレー式自動点滅器の内部回路図を図5-50に示す。

（4）タイムスイッチ

　時計とスイッチを組み合わせ，自動的に電路を開閉できる構造の開閉器である。街路照明灯，屋外広告灯，ショーウインド灯及び家庭用の小形電気機器などを，あらかじめ調整しておいた時間に自動的に点滅させる（図5-51）。季節により点滅の時刻を自動的に調節できるも

(a) 交流モータ式　　　　　　(b) 電子式

図5-51　タイムスイッチ

出所：パナソニック㈱　エコソリューションズ社

のもある。タイムスイッチには、電気時計を利用したものや時計のぜんまいを利用したものがある。また、時計のぜんまいを利用したものには、手巻きのものと、ぜんまいが緩むと自動的に電動機で巻く電気巻きがある。

（5）電 極 式（フロートレススイッチ）

水槽内に電極を設け、電極間に交流24Vの電圧を加え、液面の上下によって液体に浸されると電極間に回路が構成されて作動する液面制御継電器で、併用する電磁開閉器を開閉することにより電動機を自動的に始動停止させる。電極相互の長さを変えることによって運転水位を調節することができる（図5-52）。

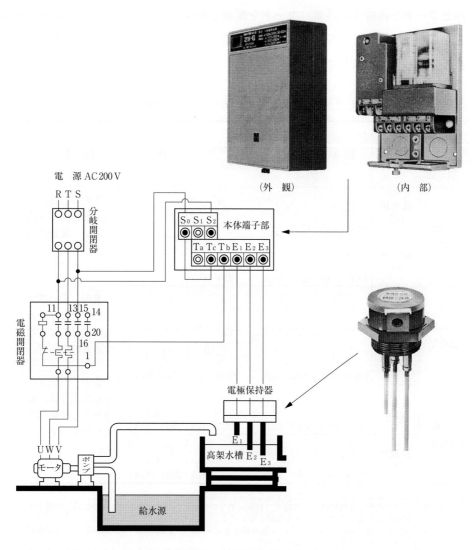

図5-52　フロートレススイッチ

（6）圧力スイッチ

水圧や空気の圧力変動により自動的に回路を開閉する装置で，給水ポンプや圧搾空気用の電動機回路に取り付け，圧力タンクの水圧や空気圧が定められた値の上限圧力になると自動的にスイッチが切れ，下限圧力になると自動的にスイッチが入るようになっている。なお定格電流100A以下，定格動作圧力が294KPa以下のものは「電気用品安全法」の適用を受ける。

2.3 接続器具

（1）差込み接続器（JIS C 8303：2007）

屋内配線とコードを接続する装置，コードを電球と接続する装置，コードとコードを接続する装置などを総称して接続器と呼ぶ。このうち，差込み形のものを差込み接続器という。その名称と定格は表5－14のとおりである。

表5－14(a)　コンセントの標準選定例（「内線規程 JEAC 8001-2016」3202－2表）

用途	分岐回路	15 A	20 A配線用遮断器（〔注2〕参照）		30 A	備考
単相100V	接地極付き	125V 15A	125V 15A	125V 20A		(1) ⊖の差し込み穴は，2個同一寸法なので，接地側極を区別するときは，注意すること。
	接地極なし	125V 15A	125V 15A	125V 20A		
単相200V	接地極付き	250V 15A	250V 15A	250V 20A	250V 30A	(2) 表中，太い線で示した記号は，接地側極として使用するものを示す。
	接地極なし	250V 15A	250V 15A	250V 20A	250V 30A	
三相200V	接地極付き	250V 15A	250V 15A	250V 20A	250V 30A	(3) 表中，白抜きで示した記号は，接地極として使用するものを示す。
	接地極なし	250V 15A	250V 15A	250V 20A	250V 30A	

（注）1．本表は標準的なコンセントの選定例を示したものである。
　　　2．20A配線用遮断器分岐回路に，電線太さ1.6mmのVVケーブルなどを使用する場合には，原則として，定格電流が20Aのコンセントを施設しないこと。
　　　3．単相については，250V・30Aを除いて接地極付きコンセントを使用すれば，接地極付き及び接地極なしのいずれのプラグも挿入可能である。
　　　4．空欄については，電気機械器具を配線に直接接続して使用するか，他のコンセントと誤用のないように使用すること。

5. 表に記載のないコンセントを使用する場合は，他のコンセントと誤用のないようにすること（電気用品安全法，JIS C 8303：2007「配線用差込接続器」又は（一社）日本配線システム工業会規格JWDS 0022：1991「差込接続器の定格と極配置」，JWDS 0031：2006「小型2極接地極付30A 250V極配置（IH調理器具用）」などにより適切なものを選択する）。
6. 単相100V用として，プラグの抜け防止のできる抜止式コンセント（◎，◎125V・15A）がある。プラグの抜差しが少ない固定機器や据置型機器の接続に推奨される。

表5－14(b) 引掛形コンセントの標準選定例
（「内線規程 JEAC 8001-2016」3202－3表）

用途	分岐回路	15A	20A配線用遮断器（〔注2〕参照）		30A	備考
単相 100V	接地極付き	125V 15A	125V 15A			(1) 表中，太い線で示した記号は，接地側極として使用するものを示す。
	接地極なし	125V 15A	125V 15A			
単相 200V	接地極付き	250V 15A	250V 15A	250V 20A	250V 30A	(2) 表中，白抜きで示した記号は，接地極として使用するものを示す。
	接地極なし			250V 20A	250V 30A	
三相 200V	接地極付き			250V 20A		
	接地極なし			250V 20A	250V 30A	

（注）1. 本表は標準的なコンセントの選定例を示したものである。
2. 20A配線用遮断器分岐回路に，電線太さ1.6mmのVVケーブルなどを使用する場合には，原則として，定格電流が20Aのコンセントを施設しないこと。
3. 空欄については，電気機械器具を配線に直接接続して使用するか，他のコンセントと誤用のないように使用すること。
4. 表に記載のないコンセントを使用する場合は，他のコンセントと誤用のないようにすること（電気用品安全法，JIS C 8303：2007「配線用差込接続器」又は（一社）日本配線システム工業会規格JWDS 0022：1991「差込接続器の定格と極配置」などにより適切なものを選択する）。

a　差込みプラグ

単に，キャップとも呼ばれ，電気器具に接続したコードの先に取り付け，コンセント，コードコネクタボデーなどに差し込むもので，磁器，尿素樹脂，フェノール樹脂，硬質ゴムなどでつくられ，丸形や平形がある。接地形プラグは断面がU形接地極用刃のあるもので，接地極用刃は他の極の刃より長く，極数には数えない（図5－53）。

なお，引掛け形プラグは，差し込んで右へ回せば，刃の切欠き部が刃受け穴にひっかかり，張力に対しても抜けない構造になっている。定格電圧は125，250Vで2，3極のものがあり，定格電流は，15，20Aのものがある。また，二重定格15A 125V/20A 250Vのものもある（図5－54）。

(a) 丸　形　　　　(b) 平　形　　　　(c) 接地極付き形　　　　(d) 引掛け形

図5－53　差込みプラグ（形状別）

出所：(d) ㈱MonotaRO

(a) 15A 125V 用　　(b) 20A 125V 用　　(c) 15A 125V 用　　(d) 20A 125V 用
　　　　　　　　　　　　　　　　　　　　（接地極付き）　　　（接地極付き）

(e) 15A 250V 用　　(f) 20A 250V 用
　（接地極付き）　　（接地極付き）

図5－54　差込みプラグ（定格値別）

出所：パナソニック㈱　エコソリューションズ社

b　コンセント

　差込みプラグを受ける受け口で，通常，屋内配線に接続して使用する。取付け方により埋込み形と露出形の別があり，埋込み形には金属（黄銅が多い）又は尿素樹脂製のフラッシュプレートを取り付ける。1個のコンセントのもつ受け口数により1口，2口などと呼び，連用形もあり，これをさらに一体構造としたものもある。

　特殊なものとしては，接地形，引掛け形，防水形，日本間用，家具用，壁掛け用，時計掛け用，合成樹脂線ぴ用などがある。また，劇場・遊技場・百貨店・旅館・その他の建築物（「消防法施行令」に指定された建築物）の11階以上の階には非常コンセントの設置が「消防法」で定められている。

これらコンセントの定格は差込みプラグと同様である。各種コンセントを図5-55に示す。

(a) 露出形コンセント（2口）

(b) 埋込み形コンセント
（パイロットランプ付き）

(c) 埋込み形コンセント
（15A・20A兼用）
（埋込みアースターミナル付き）

(d) 露出形アース付きコンセント
（15A用）

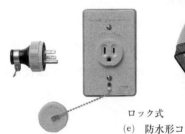
ロック式
(e) 防水形コンセント

(f) 運用形コンセント

(g) 和室用コンセント
（BSテレビコンセント付き）

(h) 家具用コンセント

(i) 合成樹脂線ぴ用コンセント

(j) アップコンセント

(k) 天井用コンセント

図5-55 コンセント

出所：((c)以外）パナソニック㈱ エコソリューションズ社

c コードコネクタ

コード又はキャブタイヤケーブル相互の接続に使用するもので，差込みプラグとこれを受けるコードコネクタボデーから構成され，丸形と平形があり，特殊なものに引掛け形，防水形，接地形がある（図5-56）。

(a) 丸形　　　(b) 平形

図5-56 コードコネクタ

d 分岐差込み接続器

1個のコンセントから二つ又は三つの器具を接続するときに使用するもので，コンセントに直接差し込む構造のものを一般にマルチタップと呼び，コードで接続するものをテーブルタップと呼ぶ（図5-57）。なおテーブルタップは使用に当たって付属コードの許容電流値に注意する必要がある。

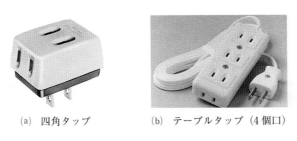

(a) 四角タップ　　　(b) テーブルタップ（4個口）

図5-57 分岐差込み接続器

e アイロン用，器具用のプラグと受け口

アイロンプラグはアイロンにコードを接続するときに，器具用プラグは電気がまなどの器具にコードを接続するときに使用する（図5-58）。器具用プラグには，特に耐熱性をもたせた耐熱プラグがある。

アイロンプラグ受け口，器具用プラグ受け口（器具コンセント）は，アイロン，電気がまなどに取り付けられるもので，磁気など耐熱絶縁物に2本の丸棒（黄銅が多い）のピンが植えられている。

f ねじ込みプラグ，セパラプラグボデー

ねじ込みプラグは，コードを接続してソケット類にねじ込み接続するものである（図5-59）。セパラプラグボデーはソケット類にねじ込み，これに差込みプラグを差し込んで使用するものである（図5-60）。

　　　　(a) アイロンプラグ　　　　(b) 器具用プラグ

図5-58　アイロン用，器具用プラグ

図5-59　ねじ込みプラグ　　　　　　図5-60　セパラプラグボデー

（2）平形ビニル外装ケーブル用ジョイントボックス

　平形ビニル外装ケーブルで配線を行う場合は，ケーブルの接続は原則，ジョイントボックスなどのなかで行う。これに使用するジョイントボックスには屋内用と屋外用，また，端子金具付きと端子金具なしのものがあり，端子金具の構造には，ねじ締め式のものと，電線の絶縁物を一定の長さにはぎとって端子穴に差し込むだけで接続される構造のスクリューレス形のものがある（図5-61）。

　　　(a) ブランチボックス　　　　　(b) 端子なしジョイントボックス

　　　外観　　　内部
　　(c) 端子付きジョイントボックス　　(d) スクリューレス形ジョイントボックス

図5-61　平形ビニル外装ケーブル用ジョイントボックス

（3）ソケット

ソケットは受金の種類によって，ねじ込み（記号E），差込み（記号B）などがある。また，それぞれ大きさによってE26（並形），E39（大形）などに分類することができる（図5－62）。

(a) キーソケット　　(b) 押しボタンソケット　　(c) プルソケット　　(d) キーレスソケット　　(e) 分岐ソケット

(f) ランプレセプタクル　　(g) 線付き防水ソケット　　(h) アダプタ（大形口金／並形口金）

図5－62　ソケット

出所：(h) ㈱ヤザワコーポレーション

a　ねじ込みソケット

ねじ込みソケットの種類には，キーソケット，ボタンソケット，プルソケット，キーレスソケット，防水ソケット，ランプレセプタクル及びアダプタ，分岐ソケットなどがある。

キーソケットは，ボデーの側面にあるキーで内部の接触子を回転して電灯を点滅するもので，樹脂製が多い。主としてコードつり（コードペンダント）に用いられる。

ボタンソケット及びプルソケットは，キーソケットのキーの代わりに押しボタンや引きひもを装置したもので，スタンドに多く用いられる。

キーレスソケット及び防水ソケットは，スイッチ機構をもたない。キーレスソケットの樹脂製品はコードつりに，磁器製品は照明器具内に部品として組み込まれて使用される場合が多い。

防水ソケットには，線付きのものと線なしのものがある。線付きのものは，公称断面積 $0.9\,mm^2$，長さ30～150mmの600Vゴム絶縁電線又は600Vビニル絶縁電線を取り付け，絶縁コンパウンドを充てんしてある。線なしのものは，キーレスソケットのコード接続部をピン形にし，そこに電線を挟んでふたをねじ込むと，ピンが電線の被覆を突き破って導体と接続される構造である。防水ソケットは，臨時工事，水気や湿気の多い場所などに用いられる。

ランプレセプタクルは，天井，壁などに取り付けて直接屋内配線と電球を接続するもので，

磁器製，樹脂製，両者を組み合わせたものがあり，プルスイッチを組み込んだプルランプレセプタクルと呼ばれるものもある。

ねじ込みソケットの定格は表5-15のとおりである。

アダプタは，大形口金のソケットに250W以下の並形口金の電球を使用したいときに，ソケットと電球の間に使用するものである。

分岐ソケットは，ねじ込みソケットの受け口数を増やすために使用するもので，増加した口がねじ込み口のもの，差込み口のもの及び両者併用のものがある。

E形受金をもつアダプタ及び分岐ソケットの定格は表5-16のとおりである。

表5-15 ねじ込みランプソケットの定格（JIS C 8280：2011〈追補：2014〉）

名　称（種類）	受　金	定格電流[A]	定格電圧[V]
ねじ込みランプソケット	E5[a]	0.2	25以下
	E10	0.5	60以下[a]，125[b]，250[c]
	EZ10[b]	0.5	125以下
	E11[c]	1	125，250
	E12	1	125
	E14	2	250
	EZ14[c]	2	300
	E17	1	125
	E26	1	125，300[c]，600[d]
	E39	15	250，300[c]，600[d]

（注） a）電源に直列に接続するランプの接続を意図するものに限る。
　　　b）電源にランプ単体を接続することを意図したものに限る。
　　　c）器具内用のものに限る。
　　　d）放電灯回路の二次側に使用するものに限る。
　　　　この規格は，動作電圧が250V（実効値）以下の交流回路だけで使用するスイッチ付きランプソケットにも適用する。

表5-16 E形受金をもつアダプタ及び分岐ソケットの定格（JIS C 8302：2015）

名　称（種類）	受　金		定格電流[A]	定格電圧[V]
アダプタ[a]　分岐ソケット[a],[b]	口金（電源）	受　金		
	E17	E17，E12	1，3，6	125
	E26	E26，E17，E12	1，3，6	125，300
	E39	E26	1，3，6	250，300
	引掛刃[c]	E26	1，3，6	125

（注） a）点滅機構を組み込んだアダプタの受金はE26とし，定格電流は3A。点滅機構を組み込んだ分岐ソケットの受金はE12及びE26とし，定格電流は1A又は3Aとする。
　　　b）分岐ソケットの口金は，E26とする。
　　　c）口金に替えてJIS C 8310の引掛刃をもつもの。

b 蛍光灯ソケット及びスタータソケット (JIS C 8324：2017)

蛍光放電灯などの管灯回路に使用されるソケットで，ランプを取り付けるためのものとグローランプを取り付けるものがある。材質は尿素樹脂又はベークライトで，使用電圧が300Vを超えるものは，ランプを外したとき，安定器の一次側を開路するように配線できる構造である。図5－63に蛍光灯ソケットを，図5－64にスタータソケットを示す。

(a) 単脚形（スプリング付き）　(b) 単脚形（固定）　(c) 双　脚　形　(d) 双　脚　形

(e) 防　水　形　　　　インタロック付き　インタロックなし　　　(g) 環形蛍光ランプ用
　　　　　　　　　　　　(f) レセスト形

図5－63　蛍光灯ソケット

(a) ねじ込み形　(b) 双脚中形　(c) 防水形（ねじ込み形，双脚中形）

図5－64　スタータソケット

c 直管LEDランプソケット (JIS C 8121－2－3：2015)

LEDランプについては，JIS C 8121－2－3：2015「ランプソケット類－第2－3部：直管LEDランプソケットに関する安全性要求事項」において，直管LEDランプ専用のソケットを規定している。

(4) シーリングローゼット (JIS C 8310：2000)

屋内配線と電球線（コード）を接続するために用いるもので，天井に取り付けるのでシーリングローゼットといわれている（図5－65）。

埋込み形と露出形があり，丸形ねじ込み式，丸形引掛け式，角形引掛け式がある。また，引

掛け式には，コンセント付きのものがある。丸形ねじ込み式はジョイントボックスのように送り配線とスイッチへの分岐用端子金具付きで，裏面，側面いずれもケーブルを入れられる構造となっている。埋込み形は金属管工事などのアウトレットボックスに取り付けられる。なお，分岐用の差込み接続口をもつ差込み口付きローゼット及びスイッチ付きローゼットもある。定格はいずれも250V，6Aである。

ローゼットを天井面に出さずに，天井裏からコードをつり下げるには，天井裏にはとめローゼットなどを用い，コードが天井を貫通する箇所には"はとめ"を用いて保護する。

(a) コンセント付き丸形引掛けシーリング　(b) 丸形引掛けシーリング　(c) 丸形ねじ込み式ローゼット
(d) 角形引掛けシーリング　(e) 丸形引掛けキャップ　(f) 引掛けローゼット（埋込み用）

図5－65　シーリングローゼット

第3節　接続材料・工事材料

電気設備に用いられる材料の接続は安全かつ低抵抗でなければならない。そこで，この節では接続材料の種類とそれらの特徴及び工事材料の種類とそれらの特徴を説明する。

3.1　接続材料

(1) スリーブ

電線の接続に用いられるもので，無はんだ接続用として直線接続や分岐接続に多く用いられている。スリーブには次のような種類がある。

a　スリーブ

すずめっき軟銅板製で，電線を差し込み，そのままねじって接続するもので，単線の接続に用いられる。断面の形状によって，S形，O形があり，S形スリーブは主として分岐接続に，O形スリーブは直線接続に用いられる（図5－66）。

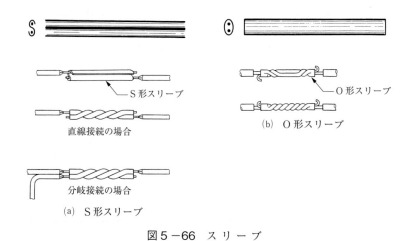

図5－66　スリーブ

b　テンションスリーブ

張力のかかる直線接続に使用されるもので，内蔵したチャックにより締め付けられるので，電線を差し込むだけで接続できる（図5－67）。

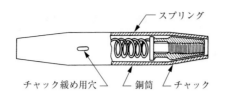

図5－67　テンションスリーブ

c　圧着スリーブ

圧着接続に用いるスリーブで，銅線用は純度の高い銅にすずめっきを施したもので，電線を差し込み，圧着工具を用いて所定の形状に圧着し接続するものである。圧着スリーブには，重合せ接続用と突合せ接続用（B形）があり，重合せ接続用には直線用（P形）と終端用（E形）がある。終端重合せ接続用はボックス内などの接続に用いられ，小，中，大の3種類がある（表5－17）。突合せ接続用は直線接続に用いられ，$1.25mm^2$から$325mm^2$まである。

アルミ線用はアルミ製の筒で比較的細い電線の接続に用いられ，重合せは2箇所，突合せは4箇所圧着する。各種圧着スリーブを図5－68に示す。

表5－17　終端重合せ用スリーブ（E）の最大使用電流及び使用可能の電線組合せ（JIS C 2806：2003）

呼び	最大使用電流[A]	電線組合せ				参考
		同一の場合			異なる場合	圧着工具のダイスに表す記号
		$\phi1.6mm$ 又は $2.0mm^2$	$\phi2.0mm$ 又は $3.5mm^2$	$\phi2.6mm$ 又は $5.5mm^2$		
小	20	2本	－	－	$\phi1.6mm$ 1本と$0.75mm^2$ 1本 $\phi1.6mm$ 2本と$0.75mm^2$ 1本	小 小
		3～4本	2本	－	$\phi2.0mm$ 1本と$\phi1.6mm$ 1～2本	小
中	30	5～6本	3～4本	2本	$\phi2.0mm$ 1本と$\phi1.6mm$ 3～5本 $\phi2.0mm$ 2本と$\phi1.6mm$ 1～3本 $\phi2.0mm$ 3本と$\phi1.6mm$ 1本 $\phi2.6mm$ 1本と$\phi1.6mm$ 1～3本 $\phi2.6mm$ 1本と$\phi2.0mm$ 1～2本 $\phi2.6mm$ 2本と$\phi1.6mm$ 1本 $\phi2.6mm$ 1本と$\phi2.0mm$ 1本と $\phi1.6mm$ 1～2本	中
大	30	7本	5本	3本	$\phi2.0mm$ 1本と$\phi1.6mm$ 6本 $\phi2.0mm$ 2本と$\phi1.6mm$ 4本 $\phi2.0mm$ 3本と$\phi1.6mm$ 2本 $\phi2.0mm$ 4本と$\phi1.6mm$ 1本 $\phi2.6mm$ 1本と$\phi2.0mm$ 3本 $\phi2.6mm$ 2本と$\phi1.6mm$ 2本 $\phi2.6mm$ 2本と$\phi2.0mm$ 1本 $\phi2.6mm$ 1本と$\phi2.0mm$ 2本と $\phi1.6mm$ 1本	大

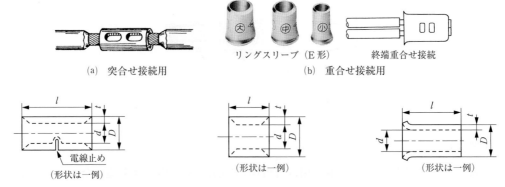

(a) 突合せ接続用　　　　　　　リングスリーブ（E形）　　終端重合せ接続
　　　　　　　　　　　　　　　　　　　　(b) 重合せ接続用

(c) 直線突合せ用スリーブ（B形）　(d) 直線重合せ用スリーブ（P形）　(e) 終端重合せ用スリーブ（E形）

(f) 終端重合せ用スリーブ（E形）

図5-68　圧着スリーブ

d　圧縮スリーブ

　圧縮スリーブは圧縮接続に用いられるもので，対称的なダイスによって周囲から圧力を加えて圧縮状態にして接続するものである（図5-69）。一般に突合せ接続用で，比較的太い電線の接続に用いられる。

　なお，アルミ線用は，スリーブ内部にコンパウンドが充てん（填）されている。また，銅線とアルミ線を接続する異種電線接続用，太さの異なった電線を接続する異径電線接続用及び絶縁被覆がされたものなどがある。

図5-69　圧縮スリーブ

　その他，スリーブとはいいがたいが，分岐接続用としてスリーブの一部を切り開いたようなC形コネクタ，H形コネクタ及びE形コネクタなどがある（図5-70）。

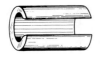 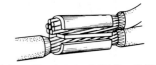

(a) C形コネクタ　　　　(b) H形コネクタ　　　　(c) E形コネクタ（圧縮前の状態）

図5-70　分岐用圧縮コネクタ

(2) 接続端子

電線を機器端子などに接続するときに電線端に取り付けるもので，次のような種類がある。

a 圧着端子（JIS C 2805：2010）

圧着端子のスリーブ状の部分に電線を挿入し，圧着工具（非対称的なダイス）を用いて所定の形状に圧着し接続する。機器端子を取り付ける部分の，取付け穴が一つのものをR形，二つのものをRD形端子といい，取付け穴のないものを差込み用端子という。また，端子の電線接続部には絶縁被覆のないはだか端子が多いが，絶縁被覆をしたものもある（図5−71）。

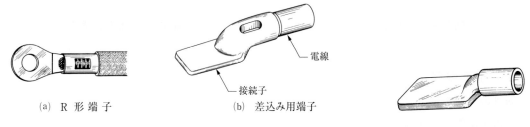

　(a) R形端子　　　(b) 差込み用端子

図5−71　圧着端子　　　　　図5−72　圧縮端子

b 圧縮端子（JIS C 2804：1995）

圧縮端子のスリーブ状の部分に電線を挿入し，圧縮工具（対称的なダイス）を用いて所定の形状に圧縮し接続する（図5−72）。銅製の機器端子にアルミ線を接続するときに用いる端子は，アルミ銅用端子（端子の材料にアルミニウムを使用し，接続面に銅板加工を施したもの）を用いる。圧縮端子の種類を表5−18に示す。

表5−18　圧縮端子（JIS C 2804：1995）

種　類	記号	備　考
硬銅より線用端子	C	端子の材料に銅を使用したもの
硬アルミより線用端子	A	端子の材料にアルミニウムを使用し，羽子板接続部に銅板接着加工を施したもの
	AA	端子の材料にアルミニウムを使用したもの
鋼心アルミより線用端子	S	端子の材料にアルミニウムを使用し，羽子板接続部に銅板接着加工を施したもの
	SA	端子の材料にアルミニウムを使用したもの

c 押締めねじ端子

押締めねじ端子の電線接続部分に電線を挿入し，押しねじで締め付けて接続する（図5−73）。この端子には，ねじで直接電線を締め付けるものと，当て金をねじで押して締め付けるものがある。

d 締付け端子

電線を袋ナットを使用して締め付けたり，セットリングなどをナットで締め付けて接続するものである（図5-74）。

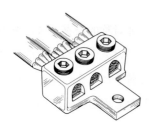
図5-73 押締めねじ端子

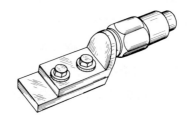
図5-74 締付け端子

e 銅管端子

銅管の一部を偏平にしてボルト用の穴をあけたもので，管のなかにはんだを溶かし込むと同時に電線を入れて接続する（図5-75）。

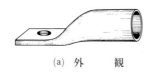　　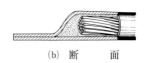
　　(a) 外　　観　　　　　　(b) 断　面

図5-75 銅管端子

f 板端子

黄銅板又は銅板を加工してつくったもので，平らな部分は上下面とも滑らかな平面となっており，形状も円形，角形などがある。電線接続部分は，すずめっきが施してあるほか，形状は銅管端子のような管形でなく，一般にはU字形，J字形をしている。電線の接続ははんだ付けで行う。

(3) コネクタ

a ねじ込み形電線コネクタ

コネックス形とも呼ばれるもので，金属管工事のボックス内や照明器具内での電線接続に用いる（図5-76）。このコネクタは絶縁物内に円すい状ら旋スプリングが収めてあり，これに接続とする電線をまとめてねじ込めば，スプリングに電線が締め付けられて食い込み，電気的，機械的に接続されるものである。

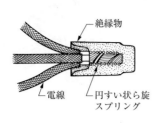 

(a) 断　面　　　　　　(b) ボックス内での接続例

図5-76　ねじ込み形電線コネクタ

b　差込み形コネクタ

差込み形コネクタは，屋内配線のボックス内で接続するのに用いられる。板状のスプリングと導電板（銅製）との間に絶縁被覆をはぎとった電線端を差し込んで接続する（図5-77）。外郭は，絶縁物で覆われているので絶縁テープは必要ない。

なお，コネクタに使用できる電線の適用範囲は単線で1.2〜3.2mm，より線では公称面積の1.25〜38mm^{2}とJIS C 2813：1992（追補：2009）「屋内配線用差込形電線コネクタ」に規定されている。

 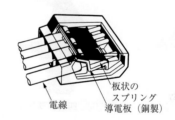

(a) ボックス内での接続例　　　　　(b) 接続構造

図5-77　差込み形コネクタ

c　ボルト形コネクタ，バイス形コネクタ

架空電線と縁回し線，立上がりケーブル，又は柱上変圧器のリード線などの接続のように，張力のかからないところに用いるものである。ボルト形コネクタは黄銅板をV字形に加工し，ねじを設けた母体に電線を挿入し，ナットを締め付けて接続するもので，合成ゴム製や合成樹脂製の専用絶縁カバーがある（図5-78）。またこの一種に，蓄力コネクタと称してスプリングを内蔵したものもある。バイス形コネクタは黄銅板を加工した2枚の母体の間に電線を挿入し，ボルトとナットで締め付けて接続するものである（図5-79）。

第5章　配線・工事材料

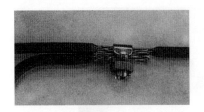
図5-78　ボルト形コネクタ

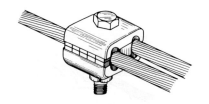
図5-79　バイス形コネクタ

d　その他のコネクタ

アースコネクタ，オイルコネクタ及びU形分岐コネクタなどがある。オイルコネクタは絶縁物のカバーと組み合わせて水切りカバーと呼ぶこともある。

(4) クランプ

銅帯相互又は銅帯と分岐線を接続するために用いるもので，形状によって，三角クランプ，四角クランプがあり，材質によって片砲金，両砲金に分類される（図5-80）。

(a) 三角クランプ

(b) 四角クランプ

図5-80　クランプ

図5-81　クランプを用いた接続例

(5) はんだとペースト

はんだは電線接続部のろう付けに使用するもので，すずと鉛の合金である。その成分によって，95～20Sn（95Snは，すず約95％の意味）の13種類のものがあり，それぞれにA，Bの級別がある。一般電気工事用は67～40Sn（通常60Snが融点が最も低い）が多く用いられる。形状は棒，線及び糸状がある。また，はんだを線状にし，その中心部にペーストを入れた，やに入りはんだがある。

ペーストはソルダリングペーストの略で，ろう付けの際，加熱のために導体やはんだの表面の酸化を防ぎ，かつ，はんだの流動性をよくするもので，牛脂，オリーブ油，松やに，塩化ア

ンモニウムなどを練ったものである。

3.2 工事材料

(1) テープ

a　ビニルテープ（JIS C 2336：2012）

塩化ビニル混合物でつくられたテープの片面に粘着剤を塗布したもので，厚さはA種で0.2±0.03mm，幅は6〜50mm，長さは5〜82mを1巻としたものである。このテープは主としてビニル絶縁電線やビニル外装ケーブルの接続部に使用されるもので，粘着ビニルテープと呼ばれている。テープの色は，透明，半透明，不透明のいずれでもよく，着色又は無着色でもよい。着色テープの色は，黒，白，青，緑，黄，茶色，だいだい（橙）色（又はオレンジ色），赤，紫，灰色，空色，桃色（又はピンク），若葉色，アイボリー色（又はクリーム色）の14色とする（図5-82）。

図5-82　ビニル絶縁テープ

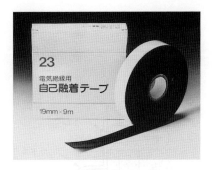
図5-83　自己融着テープ

b　自己融着テープ

主に合成ゴム及び合成樹脂を主成分としたテープで，厚さ0.5〜1.0mm，幅19mm，長さは5〜10mのものを適当なセパレータを入れて1巻としたものである。このテープは耐オゾン，耐水，耐温，耐老化及び耐薬品性があり，絶縁度が高く，自己融着性（引っ張りぎみに圧着巻き付けた後は，テープ層が一体化する）をもっている。主としてクロロプレン外装ケーブルやポリエチレン絶縁ビニル外装ケーブルの接続部に使用される（図5-83）。

c　ゴムテープ

ゴム混合物でつくられたテープで，電気用ゴムテープと電気用純ゴムテープの2種類がある。一般には前者が多く使用され，厚さ0.8mm，幅19mm，長さ8m，後者は厚さ0.45mm，幅19mm，長さ12mを1巻としたものが標準で，両者とも若干粘着性を有している。このテープは主としてゴム絶縁電線の接続部や高温場所での電線接続部に使用される。

d　ワニスバイアステープ

綿布にワニスを含浸したものをワニスクロスといい，これを37°の角度に切断して，テープにしたもので，粘着性はない。一般にリノテープといわれ，色は黄色で幅は13，19，25mm，厚さは0.18，0.25mm，長さは60mを1巻としたものが標準である。主としてはだか電線の絶縁や絶縁電線の絶縁強化などに使用される。

（2）スクリューアンカ

コンクリート，石材などに穴をあけて，木ねじやボルトを取り付けるためのものである。

a　カールプラグ

鉛合金などでつくられたもので，通常，縦に割れ目があり，外面にぎざぎざがあって，木ねじをねじ込むにつれて先が開き，造営材に食い込むようにできている（図5－84）。最近では，プラスチック製のスクリュープラグがカールプラグに代わって多く用いられるようになった（図5－85）。

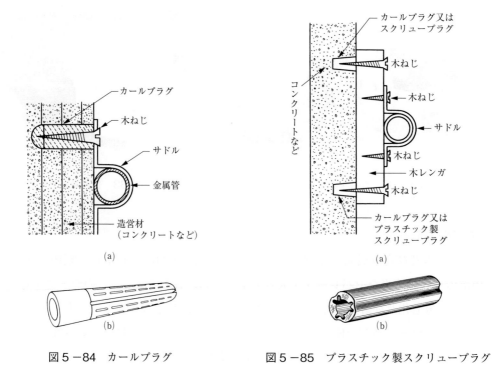

図5－84　カールプラグ　　　図5－85　プラスチック製スクリュープラグ

b　アンカーボルト

鋳鉄，軽合金などでつくられたさやにボルトをねじ込むようになっており，ボルトをねじ込むと，さやの先端が開いて，外側のぎざぎざがコンクリートなどにあけた穴の面に食い込むようになっているものと，さやに円筒形のめっきを施した鋼製のボルトをはめ込み，コンクリー

第3節 接続材料・工事材料

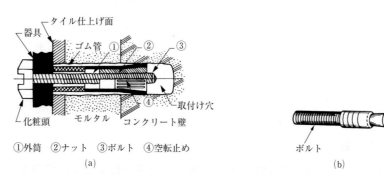

図5-86 アンカーボルト

トなどにあけた穴に入れ，ボルトを打ち込むと広がるようにできているものとがある（図5-86）。後者は特に重量の重いものの取付けに用いられる。

(3) ドライブピン

建築用びょう打ち銃を使用し，火薬の爆発力又は専門の工具を使ってハンマでコンクリートなどに打ち込んで使用するピンで，種々の太さ，長さのものがある。

また，ドライブピンは「火薬類取締法」の適用を受けるため，薬きょうの管理には特別の注意が必要である。各種ドライブピンを図5-87に，びょう打ち銃を図5-88に示す。

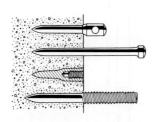

図5-87 ドライブピン

図5-88 びょう打ち銃

(4) 電　　柱

架空電線の支持物には，木柱，コンクリート柱，鉄柱，鉄塔などがある。

a 木　　柱

すぎ材が多いが，ひのき，からまつ，えぞまつなどが用いられる。木柱は素材のまま使用しては腐食が早いので，すぎ材の場合はクレオソート，硫酸銅，マレニットなどの防腐剤を注入した柱が使用される。木柱の長さは7～15mが標準である。

— 181 —

b　コンクリート柱

工場打ち品と現場打ち品がある。現場打ちは現場で鉄筋を組み，その周りを型枠で囲み，コンクリートを充てんしながらだんだんと型枠を組み上げていく。工場打ちは遠心力鉄筋コンクリートポールといい，鉄筋を組立て型枠にコンクリートといっしょに入れ，型枠を回転させて製造する。一般には遠心力鉄筋コンクリートポールが使用され，JIS A 5373：2016「プレキャストプレストレスコンクリート製品」の附属書Aで1種と2種の2種類が規定されている。配電用は1種であり，長さは6～16mが標準である。

c　鋼管組立て柱

鉄柱の一種で，長さ2mの円筒形部材を適宜差し込み，接続して所要の高さをとるようにしたものである（図5－89）。

d　鋼　管　柱

鋼管を使用した鉄柱の一種で，一般配電用は少なく，街路灯，電車線用に使用される。

e　組立て鉄柱

形鋼，鋼板，平鋼，鋼棒をリベットなどによって組み立てたもので，2脚，3脚，4脚のものがある（図5－90）。

f　鉄　　　塔

組立て鉄柱と同様に鋼材を組み立てたもので，一般に鉄柱より大形で，自立形で送電線に使用される。

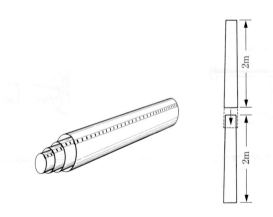

図5－89　鋼管組立て柱

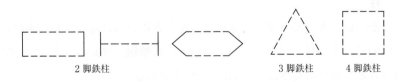

図5－90　組立て鉄柱の種類

(5) 腕木, 腕金, 根かせ

電柱にがいしを取り付けたり, 変圧器などを載せるときに腕木や腕金を使用し, 電柱が沈下したり, 傾斜したりするのを防止し, また, 支線を支持させるために根かせが用いられる。図5－91に腕木等を使用した装柱例を示す。

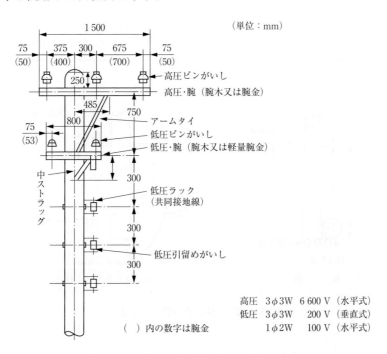

図5－91　装　柱　例

a　腕木, 腕金

腕木は, けやき, ならの角材が一般に使用される。腕金は, 山形鋼製（L形）と軽量形鋼製（口形）がある。防錆のため湿式亜鉛めっきが施されている。最近は軽量形鋼腕金が多く使用されている。これは重量も比較的軽く, 作業能率も向上し, 価格も安いという利点がある（表5－19）。

b　根かせ

木製のものとコンクリート製のものがある。木製の根かせは根かせ丸太と呼ばれ, 主にまつ材で, 長さは1.2〜1.5m, 太さは0.18mぐらいのものが使用されている。コンクリート製はコンクリート柱や支線用に多く使用される。根かせの取付け方法を図5－92に, 電柱の根入れ及び根かせの標準を表5－20に示す。

表5−19 腕木・腕金の寸法

腕木の寸法

長さ [m]	寸法 [mm×mm]
0.6	60×60
0.75, 0.9, 1.2	75×75
1.5, 1.8, 2.25	90×90
2.7	105×105

腕金の寸法

長さ [m]	寸法 [mm×mm]
0.9, 1.2	75×75 (厚6) (アングル) 90×90 (厚7) (引留め用アングル)
1.5, 1.8	75×45 (厚2.3) 75×75 (厚3.2) (引留め用) 60×60 (厚2.3) (0.9m電線用)

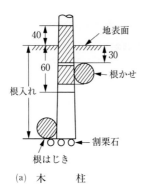
(a) 木柱

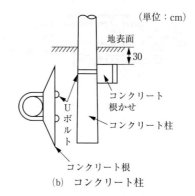
(b) コンクリート柱

図5−92 根かせの取付け方法

表5−20 電柱の根入れ及び根かせの標準

木柱			コンクリート柱			
電柱長さ [m]	根入れ [m]	根かせの長さ [m]	電柱長さ [m]	設計荷重 [N]	根入れ [m]	根かせの長さ [m]
7	1.2	1.1	8	6 864以下	1.4	1.0
8	1.4	〃	9	〃	1.5	〃
9	1.5	〃	10	〃	1.7	〃
10	1.7	〃	11	〃	1.9	〃
11	1.9	〃	12	〃	2.0	〃
12	2.0	1.2又は1.8	13	〃	2.2	〃
13	2.2	〃	14	〃	2.4	1.2
14	2.4	〃	14	9 806以下	2.7	〃
15	2.5	1.8	15	6 864以下	2.5	〃
16	2.5以上	〃	15	9 806以下	2.8	〃
17	2.5以上	〃	16	6 864以下	2.5以上	〃
−	−	−	16	9 806以下	2.8以上	〃
−	−	−	17	6 864以下	2.5以上	〃
−	−	−	17	9 806以下	2.8以上	〃

（6）装柱金物

腕木，腕金以外にも装柱金物は多くの種類がある。装柱金物の種類と用途を表5-21に示す。

表5-21 装柱金物の種類

名称及び図	用途適要	名称及び図	用途適要
ボルト	腕金，支線バンド，アームタイなどの取付け，長さは30～60mmくらいまで各種	バンド	ラック，アームタイなどの取付け，立上がりケーブル支持用もある。
足場ボルト	コンクリート柱用足場	支線用バンド	支持の取付け
足場くぎ	木柱用足場		
中線引留め金物	3線引の場合の中線の引留め		
かさ金	木柱の頭部の保護	支線棒	根用ブロックと支線用ワイヤとの接続
ストラップ	引留めがいしの支持，1線用，2線用がある。	シンプル	支線用ワイヤなどの接続
アームタイ	腕木，腕金の取付け	高圧耐張がいし引留め金具	高圧耐張がいしの取付け
低圧用ラック	低圧引留めがいしの支持，1線用，2線用がある。	カットアウト金具	高圧耐カットアウトの取付け
Uボルト	コンクリート柱に腕金の取付け		

(7) 避雷針用材料

a 突針

単針状のもののほかに2～3本の枝針を有するものもあるが，単針のほうがよいといわれている。突針及び取付け図を図5-93に示す。

b 避雷導線支持金物

引下げ，その他避雷導線を支持するためのもので，金物だけのものと，がいしを取り付けたものがある（図5-94）。

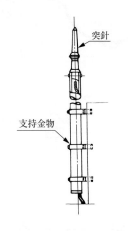

図5-93 突針及び取付け図

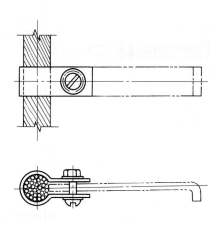

図5-94 避雷導線支持金物

(8) 接地極材料

機器，施設，避雷装置に対して所定の接地工事を行うための接地極としては，形状では板状，棒状，管状，線状のもの，材質では銅，鉄，炭素などが一般に使用されている。

a 銅板

電気用銅板で大きさは，300×600，365×1 200，1 000×1 000 mm，厚さ1～2mmぐらいのものが多く使用される。これに銅線をろう付け又は溶接により接続する。なお，銅めっき鋼板製のものもある。銅板電極の加工例を図5-95に示す。

b 打込み接地棒

銅棒，銅溶覆鋼棒，銅覆鋼棒又は銅板と鋼板の合板をS字状に曲げ，加工して強度を増したものが市販されている。この種のものには，連接式接地棒と称して，打ち

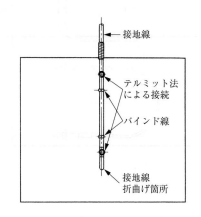

図5-95 銅板電極の加工例

込みながら連結できるものがある。また，アースパイプなどと称して鋼管にリード線を溶接した後，湿式亜鉛めっきを施したものがあり，簡単な接地工事に利用されている。打込み接地棒を図5-96に，連接式接地棒の打込み順序を図5-97に示す。

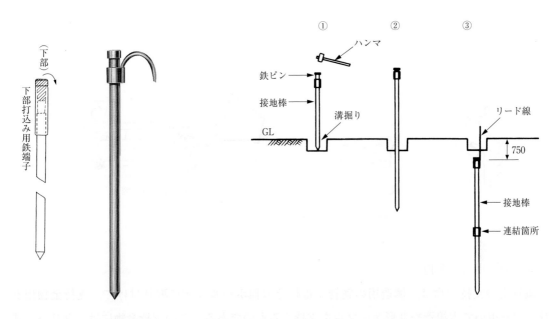

図5-96 打込み接地棒　　　　　　　　図5-97 連接式接地棒の打込み順序

(9) 支持金物

屋内配線，屋側配線及び架空配線の電線管工事，ケーブル工事及びがいし引き工事で，鉄骨建物の構造材や鋼管に電線管，ケーブル，がいし及びボックス類を支持するときに用いる金物である。

a 管用支持金物

管用支持金物には，形鋼用（一般形鋼，軽量形鋼）と鋼管用がある。

① 形鋼用支持金物

形鋼用の支持金物は構造用の一般形鋼（アングル）又は軽量形鋼（チャンネル）に取り付け，支持金物用のクリップを用いて電線管や丸形ケーブルを支持するものである。この支持金物は，冷間圧延鋼板をプレス加工したものの表面に電気亜鉛めっきを施し，その上にクロメート処理をしたもので，主として屋内用に用いられる。また，一般形鋼用の支持金物には，特に屋外，化学工場及び塩分の多い海岸付近などのさびの発生しやすい場所用として，溶融亜鉛めっき仕上げをしたものと樹脂コーティング仕上げをしたものがある。一般形鋼用支持金物と使用例を図5-98に，軽量形鋼用支持金物と使用例を図5-99に示す。

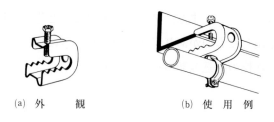

図5−98　形鋼用支持金物（一般形鋼用）

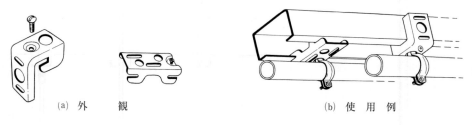

図5−99　形鋼用支持金物（軽量形鋼用）

② 鋼管用支持金物

　鋼管用の支持金物は，構造用の鋼管や電柱その他ポールなどに取り付けて，支持金物用クリップを用いて電線管や丸形ケーブルを支持するものである。この支持金物には，クリップ式とバンド式があり，クリップ式は鋼管外径が76mm以下，バンド式は鋼管外径が76mm以上の構造用鋼管に用いられる（図5−100）。

　なお，鋼管用支持金物に用いられるクリップには，電線管用とケーブル用がある（図5−101）。

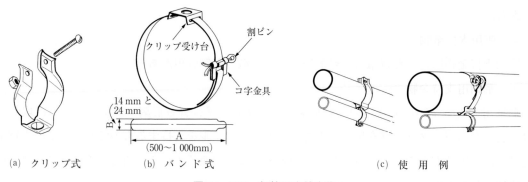

図5−100　鋼管用支持金物

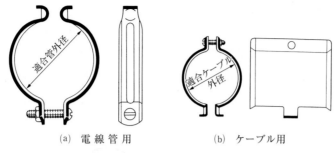

(a) 電線管用　　　(b) ケーブル用

図5-101　支持金物用クリップ

b　ケーブル用支持金物

　木造建物の造営材にステップルなどでケーブルを支持するように，ケーブル用支持金物は鉄骨建物の構造材に穴あけや溶接などをしないで，ケーブルやボックスを支持する金物である。この支持金物には，一般形鋼，軽量形鋼，鋼管，軽みぞ形鋼及びつりボルト用などがある。

① 一般形鋼用支持金物

　一般形鋼用の支持金物には，押しねじ式とスプリング式がある。押しねじ式は管用支持金物と同質で平形ビニル外装ケーブルの支持のほか，ジョイントボックスや支持金物用サドルを用いて丸形ビニル外装ケーブルを支持することができる。スプリング式はSK鋼をプレス加工したもので，一般形鋼に差し込んで取り付け，ケーブルを支持するときに用いるもので，平形用と丸形用がある（図5-102）。なお，軽量形鋼用の支持金物はスプリング式で一般形鋼用と同用途に用いられる（図5-103）。

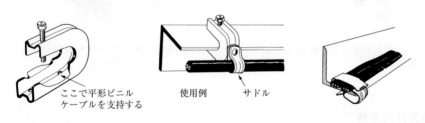

(a) 押しねじ式　　　(b) スプリング式

図5-102　一般形鋼用支持金物

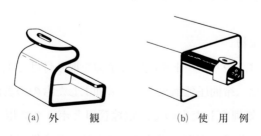

(a) 外観　　　(b) 使用例

図5-103　ケーブル用軽量形鋼用支持金物

② 構造鋼管用などの支持金物

構造鋼管用の支持金物には，クリップ式とバンド式がある。クリップ式は鋼管外径54mm以下，バンド式は54mm以上の構造鋼管にケーブルを支持するのに用いられる（図5－104）。

軽みぞ形鋼用とつりボルト用の支持金物は，合成樹脂製で樹脂の弾性を利用して軽みぞ形鋼やつりボルトに取り付け，ケーブルを支持するのに用いられる（図5－105，図5－106）。

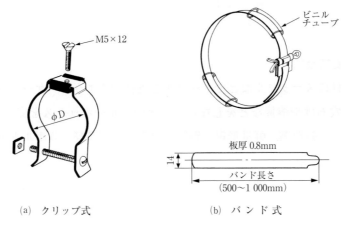

(a) クリップ式　　　　　(b) バンド式

図5－104　ケーブル用構造鋼管用支持金物

図5－105　ケーブル用軽みぞ形鋼用支持金物の使用例

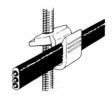

図5－106　ケーブル用つりボルト用支持金物の使用例

c　二重天井用金物

二重天井用金物は，鉄骨，鉄筋コンクリート建築の二重天井内の造営材に電線管工事により，電線管やボックスなどを支持するときに用いる金物で，つりボルト用支持金物や形鋼用支持金物などがある。

① つりボルト用支持金物

つりボルト用支持金物は，つりボルトや鉄筋に金物を取り付けて電線管やボックスを支持するものである。この金物は，冷間圧延鋼板をプレス加工したものの表面に電気亜鉛めっきを施し，その上にクロメート処理をしたもので，電線管用とボックス用がある（図5－107）。また，電線管用には，押しねじ式のものとパイラッククリップを併用して用いるものがある。

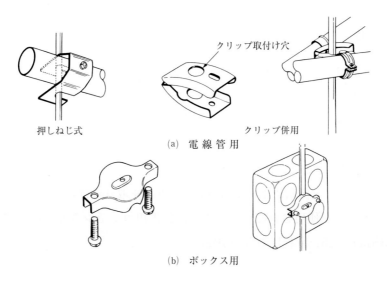

図5−107 二重天井用つりボルト用支持金物

② 形鋼用などの支持金物

形鋼用支持金物は、山形鋼や軽みぞ形鋼に金物を取り付けて電線管やボックスを支持するものである。この金物は、冷間圧延鋼板をプレス加工したものの表面に電気亜鉛めっきを施し、その上にクロメート処理をしたものや、さらにユニクロム処理をしたもので、電線管用とボックス用がある（図5−108）。

その他、鉄筋の交差する箇所やつりボルトと鉄筋の交差する箇所に交差支持金物や露出又は埋込み用の蛍光灯器具を取り付けるときに用いる、器具取付け用支持金物などがある。

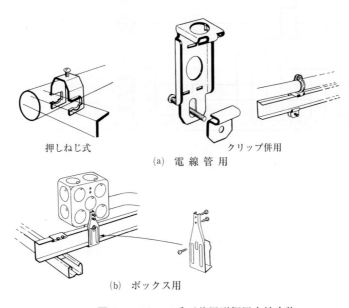

図5−108 二重天井用形鋼用支持金物

(10) 木ねじ

木ねじは，鉄，黄銅などでつくられ，頭部の形状によって丸木ねじ，さら木ねじ，丸さら木ねじの3種類があるが，配線工事には鉄さら木ねじが多い。太さと長さによって表5-22のものがある。なお，生地のままのもののほか，クロムめっき，ユニクロムめっき，ニッケルめっきをしたものもある。また，最近は頭部の溝が十形になっており，＋，－いずれのドライバでも使用できる便利なものも市販されている。

なお，金属管工事や合成樹脂管工事において，サドルを取り付けるときに使用する木ねじは一般に3.5mm×20mmが使用されている。また，露出用コンセントなどの配線器具を取り付けるときには3.5mm×25mm程度のものが使用されている。

表5-22 木ねじの長さ (JIS B 1112：1995 付表4)

(単位：mm)

呼び径 d	2.1	2.4	2.7	3.1	3.5	3.8	4.1	4.5	4.8	5.1	5.5	5.8	6.2	6.8	7.5	8	9.5	d
6.3	0/−1																	6.3
10		0/−1																10
13			0/−1															13
16				0/−1														16
20					0/−1.5													20
(22)					0/−1.5													(22)
25							0/−1.5											25
32							0/−1.5											32
(38)									0/−1.5									(38)
40									0/−1.5									40
45											0/−2							45
50											0/−2							50
56											0/−2							56
63											0/−2							63
70											0/−2							70
(75)													0/−2.5					(75)
80													0/−2.5					80
90													0/−2.5					90
100														0/−2.5				100
呼び径 d	2.1	2.4	2.7	3.1	3.5	3.8	4.1	4.5	4.8	5.1	5.5	5.8	6.2	6.8	7.5	8	9.5	d

長さ $[l]$

[備考]
1. 長さ[l]にカッコを付けたものは，なるべく用いない。
2. 太線の枠内は各呼び径に対する標準の長さ [l] を示したもので，枠内の数値はその寸法差を示す。
3. 長さ l は必要に応じて左表以外のものを使用することができる。

第4節　開閉器・遮断器

　過電流が流れた場合に負荷や回路を保護するために用いる安全装置として，開閉器や遮断器が用いられる。そこで，この節ではヒューズ，ナイフスイッチ，開閉器，遮断器について説明する。

4.1　ヒューズ

　電線や電気機械器具などに過大電流が流れた場合に，ヒューズ自体が溶断して自動的に電流を遮断し，回路を保護する一種の安全装置である。

　ヒューズを形状から大別すると，非包装ヒューズ（糸ヒューズ，板ヒューズ，つめ付きヒューズ）と包装ヒューズ（筒形ヒューズ，プラグヒューズ）の2種類となり，用途から分けると，配線保護用，電動機保護用，ほかに特殊なものとして半導体保護用，電流制限用，温度制限用などがある。低圧の電路に施設するヒューズは，次の各号に適する特性をもつものでなければならない。

①　定格電流の110％の電流に耐えること
②　表5-23に掲げる時間内に溶断すること

JIS C 8352：2015「配線用ヒューズ通則」では，ヒューズの動作特性によって，A種とB種の2種類を定めている。A種は，定格電流の110％の電流に耐え，定格電流の135％の電流を流したとき，表5-23の中欄に示した時間内に溶断し，B種は，定格電流の130％の電流に耐え，160％の電流に表5-23の中欄に示した時間内に溶断することになっている（200％の場合は両種とも同じ）。すなわち，A種のほうが配線用遮断器の動作特性に近い。

表5-23　ヒューズの溶断時間（JIS C 8352：2015）

定格電流	基準時間［分］	
	A　種	B　種
1A以上～　60A以下	60	60
60A超過～　200A以下	120	120
200A超過～　400A以下	180	180
400A超過～1000A以下	240	240

(1) 非包装ヒューズ

鉛又は鉛とすずの合金などでつくられた糸状又は板状のものであるが，ローゼット内などに装置する5A以下の糸ヒューズを除き，銅製の端子を付けるか，又は板ヒューズを打ち抜いたつめ付きヒューズでなければ使用することができない。つめ付きヒューズには，定格電流3，5，10，15，20，30，40，50，60，75，100，150，200，300Aのものがある。非包装ヒューズを図5-109に示す。

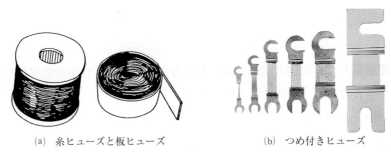

(a) 糸ヒューズと板ヒューズ　　(b) つめ付きヒューズ

図5-109　非包装ヒューズ

(2) 筒形ヒューズ

磁器，ファイバ，硬質ガラスなどの筒内に可溶体を収め，その両端に刃形端子又は筒形端子を付けたものである（図5-110）。筒内に遮断容量増大のため，充てん物を満たしたものもある。定格は250，500，600Vの3種で，定格電流は1Aから1000Aまである。可溶体が溶断した場合，中の可溶体だけ取り替えて再使用できる再用ヒューズが多いが，非再用ヒューズもある。なお，筒形端子のものは60A以下である。

(a) 筒形端子

(b) 刃形端子

図5-110　筒形ヒューズ

(3) プラグヒューズ

アメリカ式とドイツ式があり，いずれもヒューズ専門のカットアウト（ホルダ）にねじ込み使用するもので，磁器でつくられた栓のなかにヒューズが収められている。アメリカ式のものは，切れたかどうか見えるように，ふたにマイカ（雲母）がはめてある。定格電圧150V，定格電流30A以下で，主として分電盤などに用いられる。ドイツ式のものは，磁器でつくられた栓のなかに可溶体を収め，その周囲に砂が詰めてあり，切れたかどうかわかるように特別の装置がしてある。定格電圧600Vで，定格電流400Aぐらいまである。主として配電盤などに使用されている。プラグヒューズを図5-111に示す。

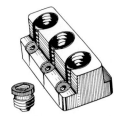
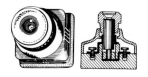

(a) アメリカ式プラグヒューズとホルダ　　(b) ドイツ式プラグヒューズとホルダ

図5-111　プラグヒューズ

（4）電動機用ヒューズ

電動機用回路に配線用ヒューズを使用する場合は，電動機の始動電流によってヒューズが切れるのを防ぐために，電動機の定格電流値よりも大きい定格電流のヒューズを使用するが，これでは電線を短絡電流から保護することはできるが，電動機が過負荷によって焼損するのを防止することはできない。

電動機用ヒューズは，始動電流のように短時間のある程度の大電流では切れないが，過負荷状態の持続する過電流や，短絡のような極度の大電流からは保護できるような特性につくられたもので，タイムラグヒューズ又は二要素ヒューズとも呼ばれる。表5-24はその特性である。電動機用ヒューズは，図5-112に示すようにつめ付きヒューズの体裁をしたものが多い。

表5-24　電動機用ヒューズの特性（「内線規程 JEAC 8001-2016」1360-2表）

定格電流	溶断時間の限度		
	定格電流の135％	定格電流の200％	定格電流の500％
60A以下	120分以内	4分以内	3秒以上45秒以下
60Aを超えるもの	180分以内	8分以内	3秒以上45秒以下

定格電流の110％の電流で溶断しないこと。

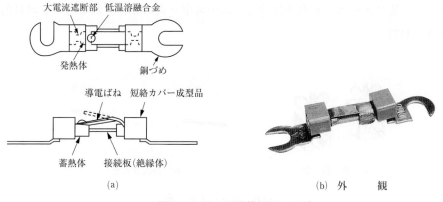

(a)　　　　　　　　　　　　　　　(b) 外　　観

図5-112　電動機用ヒューズ

（5） タングステンヒューズ

ガラス筒内にタングステン線の可溶体を封入したもので，定格電流は0.2～2Aくらいである（図5-113）。

定額電灯需要家などの引込み口の安全器やカットアウトに取り付けられる。

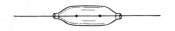

図5-113　タングステンヒューズ

（6） 管形ヒューズ

ガラス筒にヒューズを封入したもので，定格電圧125V又は250Vで，定格電流は0.1～10Aまである（図5-114）。1～2Aぐらいのものは，ラジオの電源側や小形変圧器の二次側に用いられる。

図5-114　管形ヒューズ

（7） 温度ヒューズ

ヒューズに流れる過電流によって溶断するものではなく，周囲温度によって溶断するもので，電気こたつ，電気あんかなどの電熱器具の保安装置として利用されている。100，110，120℃などの溶断温度で，通電容量はおおよそ5Aのものが多い（図5-115）。

図5-115　温度ヒューズ

（8） キャッチホルダ

低圧需要家引込み線が柱上で分岐する箇所の電圧側に使用されるもので，磁器などでつくられ，つめ付きヒューズが取り付けられる。定格電圧250Vで1～4種があり，定格電流は15～300Aの各種あり，全体を合成ゴム筒で覆ったものもある（図5-116）。また，最近では特殊な筒形ヒューズ（Kヒューズ）を取り付けるヒューズボックスと称されるものも同目的に使用される（図5-117）。

(a) 磁器製

(b) 合成ゴム製

図5-116　キャッチホルダ

第4節　開閉器・遮断器

図5-117　ヒューズボックス

4.2　ナイフスイッチ

（1）カバー付きナイフスイッチ

　磁器台付きナイフスイッチの充電部に，尿素樹脂，メラミン樹脂，耐熱スチロール，硬質塩化ビニルなど耐熱性樹脂でできたカバーを取り付け，極間をセパレートしたもので，カバーを開けずに開閉でき，安全性が高い。カバー付きナイフスイッチは，250V以下の低圧配電盤，分電盤に使用するほか，操作用としては電灯，電熱などに使用するものなので，電動機の始動・停止用開閉器に使用してはならない。

　多くは単投であるが，双投のものもあり，表面接続形と裏面接続形がある（図5-118）。なお，分電盤用として寸法に互換性をもたせた分電盤用カバー付きナイフスイッチと呼ばれるものもあり，これを使用した分電盤は開放形ナイフスイッチを使用したものより安全度が高い。

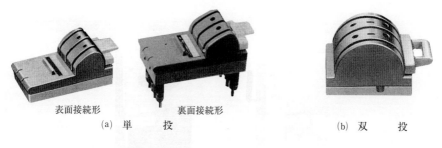

　　表面接続形　　　裏面接続形
　　　　　（a）単　　投　　　　　　　　　　（b）双　　投

図5-118　カバー付きナイフスイッチ

（2）オールカバーナイフスイッチ

　カバー付きナイフスイッチと形状，用途ともに類似している合成樹脂製の開閉器である。カバー付きナイフスイッチと大きく異なる点は，開閉に当たってカバー付きナイフスイッチのように刃の充電部が露出しないことである。定格電圧は250Vで，2極及び3極があり，定格電流は15Aから600Aまで各種のものがある（図5-119）。また，表面接続形と裏面接続形がある。

第5章 配線・工事材料

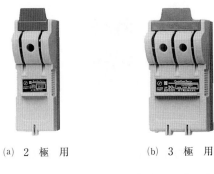

(a) 2極用　　(b) 3極用

図5-119　オールカバーナイフスイッチ

4.3 開閉器

(1) 箱開閉器

箱開閉器とは「電気用品安全法」の用語である。従来は配電かん（函）とも呼ばれた金属箱開閉器がその大部分を占めていたが，近年プラスチック製の箱のものが増えている。箱開閉器は，金属製又はプラスチック製の箱にスイッチを備え，外部のハンドルで開閉できるようにしたもので，電流計や表示灯を組み込んだものである（図5-120）。

開閉能力に応じて，A種，B種に分けられ，A種は電灯，電熱専用，B種は主として電動機用で市販のほとんどはB種であり，B種は適合電動機の定格出力（例220V 0.75kW）で大きさが表される（表5-25，表5-26）。なお最近では，過電流に対する保護装置として，電磁式の過電流保護装置を備えたノーヒューズ配電かん（函）と呼ばれる箱開閉器もつくられている。

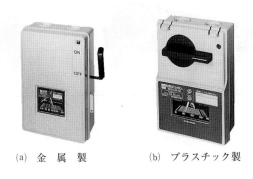

(a) 金属製　　(b) プラスチック製

図5-120　箱開閉器

— 198 —

表5-25　金属箱開閉器（A種）

極　数	定格電圧 [V]	定格電流 [A]	定格遮断電流＊ [A]
2	250	15	
		30	1 500
		60	2 500
		100	5 000
		200	

(注)　＊つめ付きヒューズ付きの開閉器についてのみ適用するもので，定められた条件のもとで，ヒューズで遮断できる回路の規約短絡電流の限度をいう。規約短絡電流とは，ヒューズをインピーダンスがほとんどない接続片に置き替えて回路を短絡したときに流れる電流。交流分の実効値で表す。

表5-26　金属箱開閉器（B種）

極　数	定格電圧 [V]	定格電流 [A]	定格電流[*2] [kW] 直入始動の場合	定格電流[*2] [kW] 始動装置使用の場合	定格遮断電流[*1] [A]
2	220	15	0.75 (0.4)[*3]	−	1 500
		30	0.75 (0.75)[*3]	−	2 500 5 000
3	220	15	1.5	−	1 500
		30	3.7	−	2 500
		60	5.5	7.5	5 000
		100	11	11	

(注)　＊1　（表5-26の注参照）
　　　＊2　定格容量は，直入始動の場合及び始動装置使用の場合のそれぞれの最高適用電動機の定格出力で表す。なお，2極の開閉器にあっては，定格電流15Aのものは定格容量を110V0.4kW，220V0.75kW，定格電流30Aのものは定格容量を110V0.75kW，220V0.75kWの二重定格とする。
　　　＊3　（　）内の数値は，110Vの場合の値を示す。

（2）電磁開閉器

　電磁石の機構により開閉を行う開閉器で，通常電動機の自動操作又は遠方操作などに使用される。過電流に対する保護装置として，通常，熱動又は電磁式の過電流保護装置を備えているが，ヒューズ付きのものもある。鉄製の箱に収めたものとはだかのものがあり，電動機などの始動，停止に用いる非可逆形，電動機の正転，逆転に用いる可逆形及び始動電流の大きな電動機の始動器として用いるスターデルタ電磁開閉器がある。用途による級別，定格電圧，定格電流，操作回路の種類又は適合電動機の大きさ [kW]，開閉ひん度，寿命などによって種別が設けられているので，使用目的に合致したものを選ぶ必要がある。なお，過負荷保護装置のないものを電磁接触器と呼んでいる。

　電磁接触器の性能を表5-27に，各種電磁開閉器を図5-121と図5-122に示す。

表5－27 電磁接触器の性能（JIS C 8201-4-1：2010 参照）

(a) 各使用負荷種別に対する閉路及び遮断容量と電気的耐久性

区分	級別	代表的適用例	閉路及び遮断容量（定格使用電流に対する倍数）		電気的耐久性（定格使用電流に対する倍数）	
			閉路	遮断	閉路	遮断
交流接触器	AC-1	無誘導又は低誘導負荷，抵抗炉	1.5	1.5	1	1
	AC-2	(1) 巻線形誘導電動機の始動 (2) 運転中の巻線形誘導電動機の停止	4	4	2.5	2.5
	AC-3	(1) かご形誘導電動機の始動 (2) 運転中のかご形誘導電動機の停止	10	8	6	1
	AC-4	(1) かご形誘導電動機の始動 (2) かご形誘導電動機のプラッギング (3) かご形誘導電動機のインチング	12	10	6	6
	AC-5a	放電灯制御装置の開閉	3	3	－	－
	AC-5b	白熱灯の開閉	1.5	1.5	－	－
	AC-6a	変圧器の開閉	－	－	－	－
	AC-6b	コンデンサバンクの開閉	－	－	－	－

(注) a) プラッギングとは，モータ運転中にモータの一次側接続を逆にして，モータを急激に停止又は逆転させることをいう。
b) インチング（ジョギング）とは，モータを1回又は短時間繰り返して付勢し被動機構を小さく移動させることをいう。

(b) 開閉頻度

号別	回/時
0	1800
1	1200
2	600
3	300
4	150
5	30
6	6

(c) 開閉耐久性

種別	機械的耐久性	電気的耐久性
0	1000万回以上	100万回以上
1	500万回以上	50万回以上
2	250万回以上	25万回以上
3	100万回以上	10万回以上
4	25万回以上	5万回以上
5	5万回以上	1万回以上
6	0.5万回以上	0.1万回以上

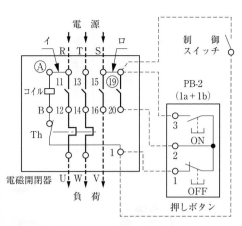

カバー付き　　カバーなし

電磁開閉器

〔注〕圧力スイッチ，レベルスイッチ，サーモスタットなどの制御スイッチとの接続は，図中の外側の点線で行う。

結線図

(a) 非可逆形

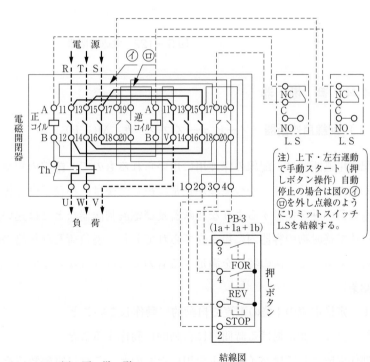

カバー付き

カバーなし

注）上下・左右運動で手動スタート（押しボタン操作）自動停止の場合は図のイ，ロを外し点線のようにリミットスイッチL.Sを結線する。

(b) 可逆形

結線図

図5-121　電磁開閉器

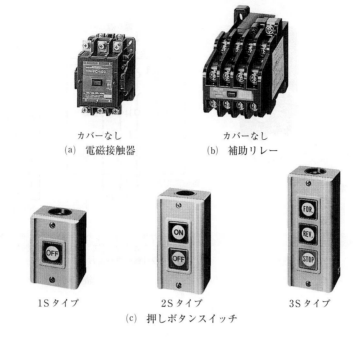

|カバーなし|カバーなし|
(a) 電磁接触器　　(b) 補助リレー

1Sタイプ　　2Sタイプ　　3Sタイプ
(c) 押しボタンスイッチ

図5－122　電磁開閉器

4.4　遮　断　器

（1）配線用遮断器（ノーヒューズブレーカ：MCCB）

　配線用遮断器は，配線の保護用に用いられるもので，配線の短絡又は過負荷を自動的に遮断する能力が十分あり，かつ配線が正常に復した後は，再び手動で操作できるものをいう。機器の過負荷のみを保護するような遮断器及び電流制限器などとは違い，動作機構及び引外し装置が一体で絶縁物の容器内に組み立てられており，過負荷及び短絡の際，自動的に電路を遮断する器具であって，次の特性を満足するものでなければならない（「電気設備の技術基準の解釈」第33条）。

① 定格電流の1倍の電流で自動的に動作しないこと
② 表5－28に掲げる時間内に自動的に動作すること

　動作機構としてはバイメタルを用いたものと，これに電磁装置を併用したものがある。図5－123(a)は併用形の断面図で，接続する過電流の場合には，バイメタルが湾曲してクラッチを引き外し，速断用スプリングによって回路を開く。バイメタルは瞬時的過電流では動作しにくいので，このような場合には電磁装置による吸引力が作用して回路を遮断する。

　また，遮断器の容器（フレーム）の大きさ及び最大定格電流を表す用語としてアンペアフレーム（Ampere Flame：AF）を用いる。例えば，"30AF"の遮断器は構造上，最大30Aまで適用できる。原則としてAFの値が大きくなるにつれて容器寸法，遮断容量が増加する。

一方，遮断器の定格電流を表す用語としてアンペアトリップ（Ampere Trip：AT）を用いる。例えば，"20AT"の遮断器は20Aが定格電流となる。

　フレームの大きさ50A以上のものは，遮断の際に生ずるアークを吹き消すために，消弧装置が用意されている（図5－123(b)）。定格は表5－29のようにJIS C 8201－2－1：2004「低圧開閉装置及び制御装置－第2－1部：回路遮断器（配線用遮断器及びその他の遮断器）」，C 8211：2004「住宅及び類似設備配線用遮断器」で定められている。電線の接続方法には表面接続形，裏面接続形及び差込み形のものがある。

　始動電流の大きな電動機などの特殊負荷には，標準品の配線用遮断器では保護できないので，始動電流を考慮してつくられた電動機保護用ブレーカがある。また，電灯用分電盤のために寸法に互換性をもたせた互換性ノーヒューズブレーカと呼ばれるものもある。

　なお，フレームの大きさ30A，定格遮断容量1 500A，定格電流30A以下ぐらいの2極1素子，2極2素子のものは，家庭用などの簡易な分電盤の引込み用，分岐用として需要が増えている（図5－124）。

表5－28　遮断時間

定格電流の区分	時　間	
	定格電流の1.25倍の電流を通した場合	定格電流の2倍の電流を通した場合
30A以下	60分	2分
30Aを超え50A以下	60分	4分
50Aを超え100A以下	120分	6分
100Aを超え225A以下	120分	8分

表5－29　配線用遮断器

フレームの大きさ		30A	50A	100A	225A	400A	A600	800A	1 000A
遮断器の定格電流		15 20 30	15 20 30 50	15 20 30 50 75 100	100 125 150 175 200 225	225 250 300 350 400	400 500 600	600 700 800	800 1 000
定格電圧〔V〕	交流	110，110/220*，220，265，460，550							
	直流	125，250							
定格遮断容量〔A〕		2 500，5 000，7 500，10 000							
極　数		単極，2極，3極							

（注）　＊交流単相3線式で電圧線相互間220V，電圧線－接地中性線間110Vの回路に使用する遮断器の定格電圧を示す。
　　表5－29はJIS C 8201－2－1：2004，C 8211：2004に準拠している。

第5章 配線・工事材料

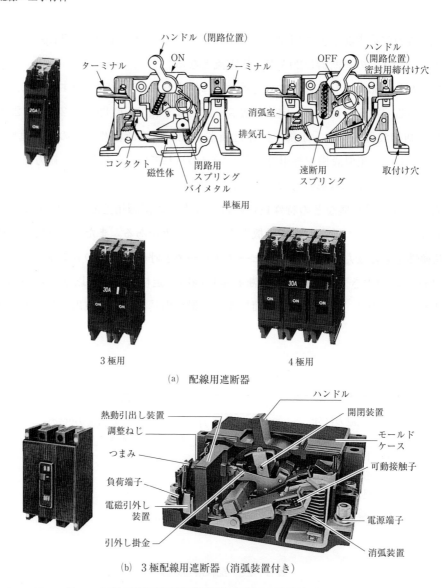

(a) 配線用遮断器

(b) 3極配線用遮断器（消弧装置付き）

図5-123 配線用遮断器

図5-124 配線用遮断器（家庭用）

(2) 電流制限器（ブレーカ式）

アンペア料金制を実施している電力会社が従量電灯需要家の引込み口に装着しているものである。機構は配線用遮断器に似ており，動作原理により電磁形と熱動電磁形があるが，多くは電磁形で時限性をもたせてある。電流制限器を図5-125に，電流制限器の定格を表5-30に示す。

図5-125 電流制限器（ブレーカ式）

表5-30 電流制限器の定格（ブレーカ式）

電気方式	定格電圧 [V]	定格電流 [A]	極数	素子数
単相2線式	110	5, 10, 15, 20, 30	1	1
			2	1
	220	5, 7.5, 15, 20	2	2
単相3線式	110/220	10, 15, 20, 30	2	1
			3	1
定格遮断容量	1 000, 1 500, 2 500 [A]			

(3) 漏電遮断器

低圧の幹線や分岐回路に装置して，電路に地気を生じた場合に，電路を遮断して，漏電による火災や感電事故を防止する装置である（図5-126）。これには電流動作式と電圧動作式の2種類があるが，今日では前者のみが用いられている。

電流動作式は，電路中に零相変流器（ZCT）を置き，変流器より負荷側に漏電が起こると，各線の電流値に差が生じ，その差に応じた電流が変流器の二次側に流れ，漏電電流値があらかじめ定められた値（例えば30mA）以上になると電路を遮断するものである（図5-127）。

種類は感度によって，表5-31のように分けられるほか，動作時間によって高速形，中速形，時延形に，保護目的によって地絡専用のほか地絡，過負荷兼用及び地絡，過負荷，短絡兼用のものがある。

図5-126　漏電遮断器

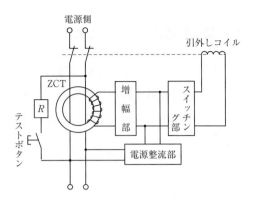
図5-127　電流動作式漏電遮断器の動作原理

表5-31　漏電遮断器の種類（JIS C 8201-2-2：2011参照）

感度電流による区分		定格感度電流［mA］
高感度形		5，6，10，15，30
中感度形		50，100，200，300，500，1000
低感度形		3000，5000，10000，20000，30000
動作時間による区分		動作時間
非時延形	高速形	定格感度電流で0.1秒以内
	反限時形	定格感度電流で0.3秒以内 定格感度電流の2倍の電流で0.15秒以内 定格感度電流の5倍の電流で0.4秒以内
時延形	反限時形※	定格感度電流で0.5秒以内 定格感度電流の2倍の電流で0.2秒以内 定格感度電流の5倍の電流で0.15秒以内
	定限時形	定格感度電流で0.1秒を超え2秒以内

［備考］　1．JIS C 8201-2-2の附属書2．JIS C 8221の附属書2．JIS C 8222の附属書2では感度電流による区分と動作時間による区分との組み合わせによる。
　　　　2．漏電遮断器の最少動作電流値は，一般的に定格感度電流の50％以上の値となっているので，選定については注意すること。
　　　　3．※印のものは，定格感度電流の2倍における慣性不動作時間が0.06秒の場合を示す。
　　　　　その他のものは，製造業者の指定による。

（4）漏電警報器

　漏電警報器は，需要家の配電盤又は分電盤の幹線，分岐回路に装置し，電路に地気を生じた場合，漏れ電流による線電流の不平衡を利用して，警報器を動作させる装置である（図5-128）。定格電圧は100Vで定格電流は15～200Aのものがあり，漏れ電流の検出感度は200mAより1Aまで連続可変整定することができる。

（5）モータブレーカ

　モータブレーカは，モータの起動時に流れる突入電流に対して十分に耐えられるようになっている。モータブレーカの種類によっても多少，突入電流値の設定に違いはあるが，モータの熱特性上から定格電流の600％の通電時間10秒程度で動作するように設定されている。モータブレーカを図5－129に示す。

図5－128　漏電警報器

図5－129　モータブレーカ（MCB）

第5節 分電盤

分電盤は配線用遮断器を用いて低圧幹線から回路を分岐するために用いられる。この節では分電盤，電流制限器について説明する。

5.1 分電盤

分電盤は，低圧幹線から回路を分岐する箇所に設ける分岐回路用の開閉器と，過電流遮断器や地絡遮断装置などを一括して取り付けたもので，鋼板製の箱に収められたものが最も普通であるが，合成樹脂製若しくは木製の箱，又は木板の簡易なものもある。内蔵する機器としては，配線用遮断器が最も多いが，開放ナイフスイッチと筒形又はプラグヒューズ（この場合，分岐用開閉器を省略する場合がある），カバー付きナイフスイッチ，安全ブレーカ，漏電遮断器，アンペア別用電流制限器，電力量計などがある。

取付け方法により露出形，半埋込み形，埋込み形などに分類される（図5-130）。また，集合的に電力量計を分電盤に取り付けた集合計器（分電）盤は，アパート，貸事務所などにあって，借室者ごとに電力量計を設ける場合などに多く用いられている（図5-131，図5-132）。

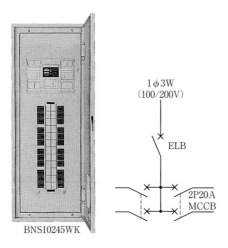

図5-130 分電盤

図5-131 集合計器盤

第 5 節　分電盤

外　側　　　　　　　　　　内　側

図 5 −132　住宅用分電盤（漏電遮断器付き）

5.2　電流制限器

電流制限器は，一般需要家の分電盤の幹線に装置されるもので，契約電流以上の電流が流れると電路を遮断する装置である。

また，この装置は需要家の契約電流に応じて電力会社が設置するもので，現在は 9 電力会社のうち 6 電力会社で使用されている電流制限器の電流別の色分けは，電力会社によって多少異なっている。表 5 −32 は東京電力で使用されている例を示す。

表 5 −32　電流制限器の電流別色分け
（単相 2 線式 100 V 又は単相 3 線式 100 V/200 V の場合）

10 A	赤色
15 A	桃色
20 A	黄色
30 A	緑色
40 A	灰色
50 A	茶色
60 A	紫色

（注）　東京電力で使用しているものを示す。

第6節　防災・非常用設備材料

この節では，防災に関する器具や非常時に用いられる器具として防災器具，非常用照明器具，誘導灯について説明する。

6.1　防災器具

半導体，セラミック，金属などからつくられるセンサの発達により，ガス検知器，煙検知器，熱感知器，炎感知器，防犯スイッチなど多くの防災，防犯の器具があるが，主なものを図5－133に示す。

なお，熱感知器及び煙感知器の構造及び感度は種類によって分類されている（図5－134）。

(a)　防犯ドアスイッチ

(b)　非常用押しボタン

差動式スポット型感知器

定温式スポット型感知器

(c)　熱感知器

光電式スポット型感知器

(d)　煙感知器

都市ガス用

LPガス用

(e)　ガスセンサ

図5－133　防災器具

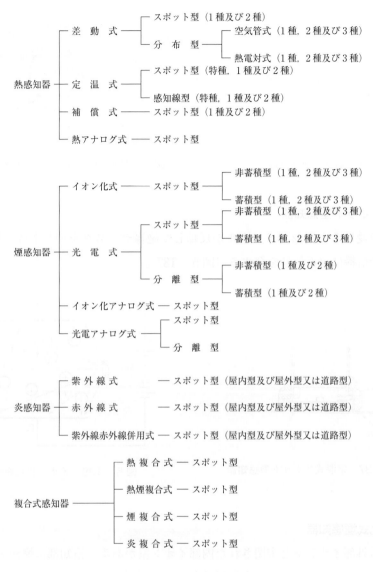

図5-134 感知器の種類

出所：日本消防検定協会

(1) 感知器の構造と動作原理

a 差動式スポット型感知器

火災によって急激な温度上昇を受けると感圧室の空気が膨張し，ダイヤフラムを膨らませ，接点を閉じて，受信機に火災信号を発する（図5-135）。

b 補償式スポット型感知器

火災によって周囲の温度が急激に上昇したときは，差動式スポット型感知器と同様である。しかし，温度がゆっくりと上昇したときは，一定の温度に達するまでは作動しない（図5-136）。

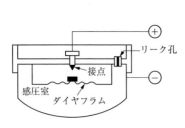
図5-135 差動式スポット型感知器

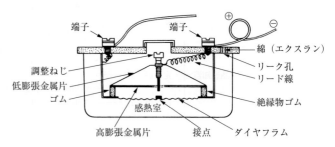
図5-136 補償式スポット型感知器

c 定温式スポット型感知器

受熱板が熱を受けると円形バイメタルが反転して絶縁ディスクを押し上げ，接点が閉じる。これによって受信機に火災信号を発する（図5-137）。

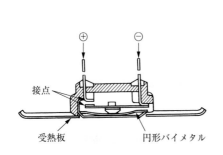
図5-137 定温式スポット型感知器

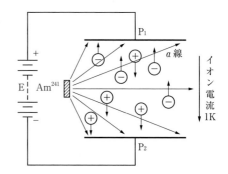
図5-138 イオン化式煙感知器

d イオン化式煙感知器

煙の流入する外部イオン室と密閉された内部イオン室がある。検知部に煙が入ることによってイオン電流を変化させ，受信機に火災信号を発する（図5-138）。

なお，イオン化式煙感知器では煙検出用として，放射性物質であるアメリシウム241（Am^{241}）を使用している。平成17年より施行された「放射性同位元素等による放射線障害の防止に関する法律」のなかで，アメリシウム241の規制が従前の3 700 kBq（キロベクレル）から10 kBqに変更されたため，イオン化式煙感知器は放射性同位元素装備機器に該当することとなった。そのため現在においては，イオン化式煙感知器（放射性同位元素装備機器）の回収促進が図られ，光電式煙感知器への切り替えが薦められている。

e 光電式スポット型煙感知器

散乱光式の光電式煙感知器は，光束が暗箱内に流入した煙により散乱して受光素子に当たり，当該受光素子の起電圧が増加することを利用し，受信機に火災信号を発する（図5-139）。

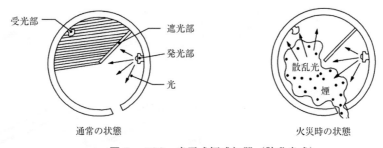

図5-139 光電式煙感知器（散乱光式）

出所：日本消防検定協会

一方，減光式の光電式煙感知器は，発光部から照射した光束が煙により遮られることに伴い，受光部に届く光束の量が減少することを利用し，受信機に火災信号を発する。

6.2 非常用照明器具

非常用照明器具は，不特定多数の人が集まる所で，火災その他の不慮の事故で停電したとき，居合わせた人びとを速やかに安全に避難できるよう，室内や通路を明るく照らし出す非常用の照明器具で，人命保護の観点から「建築基準法」では一定の基準を設けて非常用照明装置の設置を義務づけている。非常用照明器具の種類を図5-140に示す。

またこれらに使用する非常用照明器具は，それぞれ「建築基準法」の適合品であることが必要で，図5-141のマークが付されている。ただし，「建築基準法」の改正により，国が指定した認定機関による非常用照明器具の認定・認証制度が創設された。2002年4月以降に生産された非常用照明器具には，（一社）日本照明工業会によるJIL適合マーク（図5-141）及び自主評定番号が付されている。

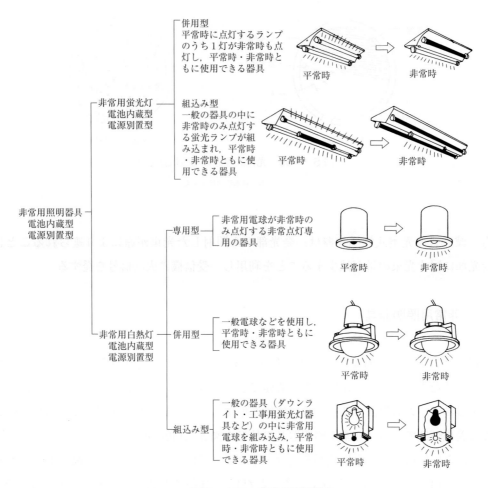

図5－140　非常用照明器具

図5－141　JIL適合マーク

出所：（一社）日本照明工業会

6.3 誘導灯

誘導灯は，マーケット，病院，劇場，ホテルなど多数の人が集まる場所で，火災その他の不慮の事故で停電したとき，居合わせた人びとが速やかに，安全に避難できるように，非常口や避難通路をはっきりと照らし出す照明器具で，人命保護の観点から，「消防法」では一定の基準を設けて誘導灯の設置を義務づけている。

「消防法」の避難設備に含まれる誘導灯には，避難口誘導灯，通路誘導灯（室内通路誘導灯，廊下通路誘導灯，階段通路誘導灯），客席誘導灯，誘導標識の4種類があり，避難口誘導灯，室内通路誘導灯及び廊下通路誘導灯には，用途に応じて大形，中形，小形がある（図5－142）。また誘導灯には，灯具に内蔵している非常電源によって，非常用ランプを自動的に切り替え，点灯する電池内蔵型と，灯具とは別に設置された予備電源（蓄電池設備）を非常電源として，非常用ランプを自動的に切り替え，点灯する予備電源別置型がある。

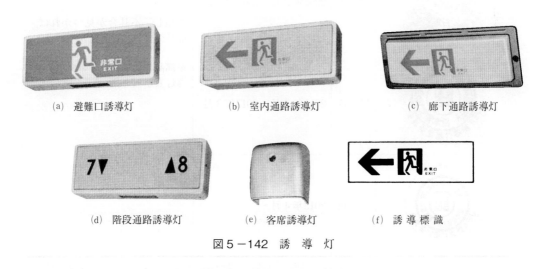

(a) 避難口誘導灯　　(b) 室内通路誘導灯　　(c) 廊下通路誘導灯

(d) 階段通路誘導灯　　(e) 客席誘導灯　　(f) 誘導標識

図5－142　誘導灯

これらに使用される誘導灯は，総理大臣の登録認定機関である（一社）日本電気協会のJEA誘導灯認定委員会において，消防法令に基づく技術基準に適合することを認定したものに型式認定番号を付与し，表5－33の認定マークを貼付することができる。

なお，階段に限り，「建築基準法」と「消防法」に適合する照明器具で，床面を1ルクス（蛍光灯の場合は2ルクス）以上，30分間非常点灯するものは，非常用の器具と誘導灯を兼用することができる。

表5-33 認定マーク
出所:(一社)日本照明工業会

認定マークの色		製造年月日	対　策
	青　色	1996年4月～2002年3月	器具の交換が薦められている。
	青　色	2002年4月～2005年8月	
	緑　色	2005年2月～2011年3月	点検し，不具合が見つかれば，部品交換※，器具交換を行う。 ※部品とはランプ，蓄電池，誘導灯表示板を指す。
	黒　色	2011年4月～2013年3月	
	黒　色	2013年4月～	

第 5 章のまとめ

　配線・工事材料は電気設備に用いられる材料である。この章では，これらの材料について，器具の取扱いや工事などを含めて学んだ。

　電路材料としては，電線管，ダクトと線ぴ，ケーブルラック，がいし，がい管，ケーブルトラフ類について学んだ。配線材料としては，フラッシプレート，スイッチ，接続器具について学んだ。電気設備に用いられる材料の接続は安全かつ低抵抗でなければならない。接続材料については，その種類とそれらの特徴及び工事材料の種類とそれらの特徴について学んだ。開閉器・遮断器については，ヒューズ，ナイフスイッチ，開閉器，遮断器について学んだ。分電盤については，分電盤，電流制限器について学んだ。防災・非常用設備材としては，非常時に用いられる器具として防災器具，非常用照明器具，誘導灯について学んだ。

第5章 練習問題

1．可とう電線管の種類を挙げよ。

2．リモコンスイッチについて説明せよ。

3．スリーブの種類を挙げよ。

4．漏電遮断器の動作方法について説明せよ。

5．防災・非常用設備材料に関する文章において，次の（　）内に適切な語を入れよ。
　　非常時においては，主に次の器具が用いられる。
　(1)　（①）器具
　　半導体，セラミック，金属などからつくられるセンサの発達によりガス検知器，感知器，防犯スイッチなど多くの器具がある。
　　なお，感知器の分類は，（②）感知器，（③）感知器，（④）感知器，複合式炎感知器の4種類に分けられる。
　(2)　（⑤）器具
　　不特定多数の人が集まる所で，火災その他の不慮の事故で停電したとき，居合わせた人々を速やかに安全に避難できるよう（⑥）や（⑦）を明るく照らし出す器具で，人命保護の観点から「建築基準法」において一定の基準を設けて設置を義務付けている器具。
　(3)　（⑧）
　　不特定多数の人が集まる所で，火災その他の不慮の事故で停電したとき，居合わせた人々を速やかに安全に避難できるよう（⑨）や（⑩）をはっきり照らし出す器具で，人命保護の観点から「消防法」において一定の基準を設けて設置を義務付けている器具。
　　なお，（⑪）制度により，基準適合品には型式認定番号を与え，器具に認定マークを貼付することとする。

第6章
電気・電子部品

　身の回りの電気器具，装置には，複雑な電気回路や電子回路が使われている。また，制御システムには電気回路や電子回路だけでなく，いろいろなセンサ素子が使われている。これらの素子はそれぞれの材料がもつ特有の性質を利用したものである。

　この章では，材料の応用として，いろいろな素子の動作原理について説明する。

第1節　電気回路素子

電気回路素子は抵抗，コンデンサ，コイルに分類される。そこで，この節ではこれらの部品の基本的な特性について説明する。

1.1　抵　　抗

（1）抵抗の分類

抵抗器には数多くの種類がある。例えば，抵抗器に使用されている基本材料で分類すると，図6－1のようになる。

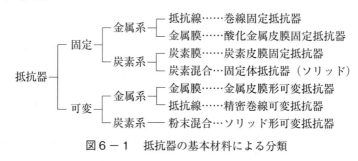

図6－1　抵抗器の基本材料による分類

（2）抵抗器に用いられる記号と用途

抵抗器は使用目的，形状，特性，公称抵抗値，抵抗値許容差を知った上で，電子回路に使用しなければならない。そのためには，抵抗器に用いられている記号を理解する必要がある。一般に，その形名は次のように表される。

a　使用目的

高周波用とその他に分けられている。Hの記号は高周波用として用いられる。その他は無記号である。

b　形　　状

RDの2文字が抵抗器の種類（表6－1）を示し，1/2は定格電力（単位はW），Pは抵抗器の形状を示す。

表6－1　抵抗器に用いられる記号

記号	H	RD1/2P	×	500Ω	G
内容	使用目的	形　状	特　性	公称抵抗値	抵抗値許容差

表6-2は抵抗器の種類と記号を表す。また，図6-2は形状の例を示す。

表6-2　抵抗器の種類と記号

主な抵抗体	記号
炭素皮膜	RD
金属皮膜	RN
酸化金属皮膜	RS
炭素系混合体	RC
金属系混合体	RK
抵抗線（電力形）	RW
抵抗線（精密形）	RB

(a) アキシャルリード抵抗

(b) 集合抵抗 　　(c) チップ抵抗

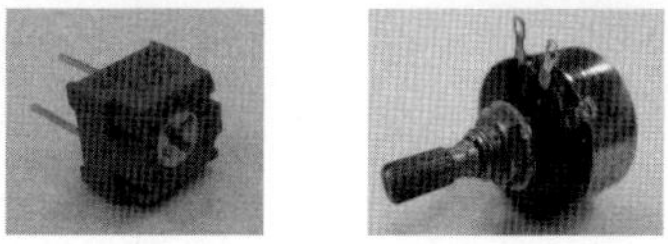

(d) 可変抵抗

図6-2　抵抗器の端子形状

c　特　性

抵抗器の電気的特性（主として温度特性）により分類される。

d　公称抵抗値

公称抵抗値を表す場合，500Ω，2kΩ，1MΩというように，Ω，kΩ，MΩの単位で表す。

e　抵抗値許容差

抵抗値許容差は表6-3に示すような記号と許容差で表されている。

例えば，1kΩの抵抗値の許容差が±5.0％であれば，950～1050Ωの範囲となる。

表6-3　抵抗器の記号と許容差

記号	許容差	記号	許容差
B	±0.1％	H	±3.0％
C	±0.25％	J	±5.0％
D	±0.5％	K	±10.0％
F	±1.0％	L	±15.0％
G	±2.0％	M	±20.0％

f　抵抗器のカラーコードと読み方

抵抗器の抵抗値を表示する方法には，素子に文字で記入する方法と素子の絶縁外装に色表示する方法がある。

表6-4及び図6-3は抵抗器のカラーコードの読み方を示す。

表6-4 抵抗器のカラーコードと数字

色　　名	第1色帯	第2色帯	第3色帯	第4色帯
	第1数字	第2数字	乗　　数	抵抗値許容差 [%]
黒	0	0	10^0	－
茶　色	1	1	10^1	±1
赤	2	2	10^2	±2
黄　赤	3	3	10^3	±0.05
黄	4	4	10^4	－
緑	5	5	10^5	±0.5
青	6	6	10^6	±0.25
紫	7	7	10^7	±0.1
灰　色	8	8	10^8	－
白	9	9	10^9	－
金　色	－	－	10^{-1}	±5
銀　色	－	－	10^{-2}	±10
色を付けない	－	－	－	±20

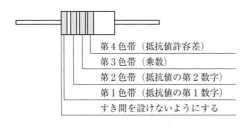
(a) 固定体（カーボンソリッド）形抵抗器

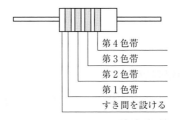
(b) 炭素皮膜形抵抗器

図6-3　抵抗器のカラー表示例（JIS C 5062：2008 参照）

1.2　コンデンサ

（1）コンデンサの分類

a　誘電体による分類

誘電体に使用される材料によって分類するもので，コンデンサの名称も使用する材料名で呼ばれることが多い。

例えば，空気コンデンサ，磁器コンデンサ，マイカコンデンサ，紙コンデンサなどがある。

b　用途による分類

用途名によって実体を示す方法である。例えば，電力用コンデンサなどがある。

c 構造による分類

構造を強調する場合に分類する方法であり,例えば,固定コンデンサと可変コンデンサとは構造上の分類といえる。

(2) 各種コンデンサの静電容量の範囲

誘電体の種類によって静電容量の範囲が異なる。図6-4は各種コンデンサの静電容量の範囲の概略を示す。

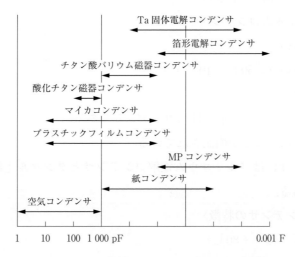

図6-4　各種コンデンサの静電容量の範囲

(3) コンデンサの種類と特徴

a 紙コンデンサ

紙コンデンサは紙とアルミ箔を誘電体の材料に使用したもので,主に直流回路に使用される。

〈特徴〉
① 容量は電解コンデンサとセラミックコンデンサの中間程度である。
② 価格は他のコンデンサに比べて安価である。
③ 高温で容量が変化する。

b 金属化紙（MP）コンデンサ

紙などの誘電体上に金属導体を真空蒸着した材料を使用したものである。

〈特徴〉
① 小形軽量である。
② 自己回復作用がある。

c　プラスチックフィルムコンデンサ

　プラスチックフィルムと金属箔を誘電体にしたもので，フィルムの種類によって特性が異なる。例えば，ポリエステルフィルムコンデンサ（通称マイラコンデンサ）及びポリカーボネートフィルムコンデンサの特徴は次のとおりである。

〈ポリエステルフィルムコンデンサの特徴〉
　① 機械的強度が大きい。
　② 耐熱性がよい（使用温度範囲は－40～＋85℃程度である）。
　③ 単位容量当たりの体積が小さい。

〈ポリカーボネートフィルムコンデンサ〉
　① 絶縁抵抗が大きい。
　② 温度係数が小さい（±50℃～10^{-4}/℃）。

d　電解コンデンサ

　主として直流回路に用いられる有極性のコンデンサである。したがって，両端子にはプラス端子かマイナス端子であることが明記されている。
　なお，電解コンデンサにはアルミニウム電解コンデンサとタンタル電解コンデンサがあり，特徴は次のとおりである。

〈アルミニウム電解コンデンサの特徴〉
　① 耐熱性がよい（－40～＋80℃）。
　② 単位容量当たりの体積が小さい（小形である）。
　③ 順方向の抵抗は大きく，逆方向は小さい。

〈タンタル電解コンデンサの特徴〉
　① 温度特性がよい。
　② 周波数特性がよい（数10 kHz以上）。
　③ 漏れ電流が小さい。
　④ 寿命が長い（アルミニウム電解コンデンサの約10倍）。
　⑤ 小形軽量である。

e　磁器コンデンサ

　磁器コンデンサには，酸化チタン系磁器コンデンサとチタン酸バリウム系半導体磁器コンデンサがあり，特徴は次のとおりである。

〈酸化チタン系磁器コンデンサの特徴〉
　① 誘電率が非常に大きい（2 000～8 000）。
　② 経年変化が大きく，温度特性が悪い。

〈チタン酸バリウム系半導体磁器コンデンサの特徴〉
　① 単位面積当たりの静電容量が大きい。

② 一般に定格電圧が低い。

f　マイカコンデンサ

マイカコンデンサは，誘電体にマイカ板と金属板を材料にしたものである。

〈特徴〉
① 誘電率は6.5～8.5程度である。
② 寿命が長い。
③ 安定度がよい。
④ 高耐圧のものが得やすい（250～300 kV 程度）。
⑤ 大容量のものが得にくい（10 pF～0.1 μF 程度）。

（4）コンデンサに用いられる記号

コンデンサを使用するときは，コンデンサの種類，形状，特性，定格電圧，等級など目的に合わせて使用することが重要である。

コンデンサに用いられる記号と種類や定格電圧の関係を，表6－5に示す。

表6－5　コンデンサに用いられる記号（JIS C 5101－1：2010 参照）

記号	CS	01	E	1A	470	K	X	J
対称表	種類 （表6－6）	形状	特性	定格電圧 （表6－7）	公称静電容量	許容差 （表6－8）	等級 （表6－9）	使用温度範囲 （表6－10）

コンデンサの種類と記号，定格電圧と記号，静電容量許容差と記号，等級と記号及び使用温度範囲と記号の関係をそれぞれ，表6－6～表6－10に示す。

表6－6　コンデンサの種類と記号（JIS C 5101－1：2010 抜粋）

記号	コンデンサの種類
CA	アルミニウム固体電解コンデンサ
CC	磁器コンデンサ種類1
CE	アルミニウム非固体電解コンデンサ
CF	メタライズドプラスチックフィルムコンデンサ
CG	磁器コンデンサ種類3
CK	磁器コンデンサ種類2
CL	タンタル非固体電解コンデンサ
CM	マイカコンデンサ
CQ	プラスチックフィルムコンデンサ
CS	タンタル固体電解コンデンサ
CU	メタライズド複合フィルムコンデンサ
CW	複合フィルムコンデンサ

表6-7 定格電圧と記号 (JIS C 5101-1:2010)

数字記号\英大文字記号	A	B	C	D	E	F	G	H	I	J
0	1.0	1.25	1.6	2.0	2.5	3.15	4.0	5.0	6.3	8.0
1	10	12.5	16	20	25	31.5	40	50	63	80
2	100	125	160	200	250	315	400	500	630	800
3	1 000	1 250	1 600	2 000	2 500	3 150	4 000	5 000	6 300	8 000
4	10 000	12 500	16 000	20 000	25 000	31 500	40 000	50 000	63 000	80 000

表6-8 静電容量許容差と記号 (JIS C 5101-1:2010)

記号	E	L	P	W	B	C	D	F	G	H
許容差 %	±0.005	±0.01	±0.02	±0.05	±0.1	±0.2	±0.5	±1	±2	±3

記号	J	K	M	N	V*	Q	T	S	Z	P*
許容差 %	±5	±10	±20	±30	+20 −10	+30 −10	+50 −10	+50 −20	+80 −20	+100 0

(注) * $V\ (^{+20}_{-10}\%)$ 及び $(P\ ^{+100}_{0}\%)$ は, JIS C 5062には規定していない。また, Pは, ±0.02%を表し, これは, 固定磁器コンデンサ種類1(温度補償用)に用いている。$P\ (^{+100}_{0}\%)$ は, 固定磁器コンデンサ種類2(高誘電率用)に用いているが, 混同のおそれがないため, これを用いた。

表6-9 等級と記号 (JIS C 5101-1:2010)

記号	故障率水準 [%/1 000h]
M	1.0
P	0.1
R	0.01
S	0.001
X	故障率によらない場合

表6-10 使用温度範囲と記号 (JIS C 5101-1:2010)

記号	カテゴリ温度範囲 [℃]	記号	カテゴリ温度範囲 [℃]	記号	カテゴリ温度範囲 [℃]
A	−55〜+155	G	−40〜+ 85	N	−10〜+ 40
B	−55〜+125	H	−25〜+100	P	−55〜+105
C	−55〜+100	J	−25〜+ 85	Q	−40〜+105
D	−55〜+ 85	K	−25〜+ 70	R	−25〜+105
E	−40〜+125	L	−10〜+ 85		
F	−40〜+100	M	−10〜+ 70		

1.3 コ イ ル

コイルはインダクタンスを発生させるための素子であり，自己インダクタンスや相互インダクタンスを発生させて利用する．このコイルは導線を巻いて作製するのでコイルのなかに若干の抵抗成分が発生する．この抵抗成分を小さくするためには抵抗率の低い材料からなる電線を用いてコイルを作製する必要がある．

物質の磁気的性質は透磁率の大きさによって強磁性体，常磁性体，反磁性体に分類できる．物質の透磁率 μ は，比透磁率を μ_r とし，真空の透磁率 μ_0 とすると，

$$\mu = \mu_0 \mu_r$$

で表される．ここで，$\mu_r > 1$ の物質は常磁性体と呼ばれ，特に $\mu_r \gg 1$ の物質は強磁性体と呼ばれる．一方，$\mu_r < 1$ の物質は反磁性体と呼ばれる．常磁性体には比透磁率が1.000 2のアルミニウムがある．強磁性体には比透磁率が 10^3 のけい素鋼がある．反磁性体には比透磁率が0.999 9の銅がある．コイルのなかに鉄心などの強磁性体を挿入することにより大きなインダクタンスが得られる．

コイルは，用途によって，電波を受信するためのバーアンテナ，不要な高周波（Radio Frequency：RF）信号をカットするためのRFチョークコイル，特定の周波数を取り出すための同調／共振コイル，電流の安定化／ノイズ除去，昇圧に用いる電源用コイルなどがある．また，相互誘導効果を利用したものに，トランスがある．トランスには，電圧を変換する電源トランス，音声周波数を変換するオーディオトランス，中間周波数（Intermediate Frequency：IF）信号を取り出す中間周波トランス（IFT）などがある．

第2節　電子回路素子

電子回路素子にはダイオード，トランジスタ，電力用半導体素子，集積回路などがある。そこで，この節ではこれらの部品の基本的な特性について説明する。

2.1　半導体

（1）真性半導体

シリコンに代表される半導体は，4個の価電子を有する。しかし，シリコン原子が秩序正しく配列した固体中では，図6－5に示すように，周囲の4個のシリコン原子と共有結合した結果，最外殻電子が8個となり安定した状態となっている。

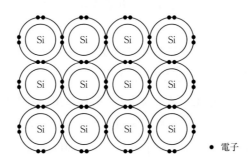

図6－5　固体中のシリコン原子の配列

この状態では，自由キャリアは存在しないので，半導体に電圧を印加しても電流は流れない。しかし，半導体に外部から熱や光のエネルギーを供給すると，そのエネルギーを吸収した電子が自由電子となるため，電流が流れる。また，このような自由電子が1個発生すると，最外殻電子が7個になり，電子が存在すべき位置に孔ができる。この孔は負電荷を有する電子の不足状態を生じさせる孔であるから，正（positive）の電荷をもっていることになる。この孔は正孔又はホールと呼ばれ，このホールが移動した場合にも電流が流れる。

（2）不純物半導体

不純物半導体とは真性半導体中に不純物を添加した半導体である。この不純物半導体にはn形半導体とp形半導体がある。

n形半導体とは真性半導体中にリン（P）のように周期表のⅤ族の元素，すなわち5個の価電子を有する原子を不純物として添加した半導体である。図6－6に示すように，真性半導体

中に微量のリン原子を添加すると，このリン原子が5個の価電子をもつため，シリコン原子と電子を共有しても1個の電子が過剰となる。この過剰となった電子は外部から微量のエネルギーを供給すると自由電子となる。ここで，リン原子は自由電子を供給するという意味でドナーと呼ばれる。また，キャリアとなる電子が負（negative）の電荷をもっているためn形半導体と呼ばれる。

一方，p形半導体とは真性半導体中にホウ素（B）のように周期表のⅢ族の元素，すなわち3個の価電子を有する原子を不純物として添加した半導体である。図6－7に示すように，p形半導体中には微量のホウ素原子が存在し，このホウ素原子は3個の価電子をもっている。したがって，シリコン原子と電子を共有しても最外殻電子は8個にならず，1個不足する。このように電子が不足した部分が自由ホールとなる。このホールは，正（positive）の電荷をもっているので，このような半導体はp形半導体と呼ばれる。もし，このホウ素原子の近傍に自由電子が存在すれば，電子はこの抜け穴に埋まって完全な共有結合となるため，ホウ素原子は電子を取り入れるという意味でアクセプタと呼ばれる。

図6－6　リン電子を添加したn形シリコン

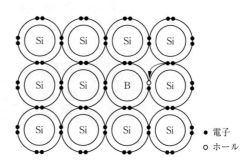

図6－7　ホウ素を添加したp形シリコン

2.2　pn接合ダイオード

n形半導体とp形半導体との接合をpn接合という。ここではpn接合の接合部近傍の物性について述べる。

透明の水に赤インクを1滴落とすとインクが広がって水全体が赤く染まるように，物質には濃度差に基づいて移動する性質がある。この現象を拡散といい，拡散するための力を拡散力という。図6－8(a)に示すように，n形半導体中には高濃度の自由電子，p形半導体中には高濃度のホールが存在する。n形半導体とp形半導体を接合すると，図6－8(b)に示すように，自由電子にはp形半導体へと向かう拡散力が生じる。一方，ホールにはn形半導体へと向かう拡散力が生じる。この拡散力によって自由電子はp形半導体へ，ホールはn形半導体へと移動する。

このように，自由電子がp形半導体へと移動すると，図6−8(c)に示すように，n形半導体は自由電子を失ったため正に帯電する。一方，ホールがn形半導体へと移動すると，p形半導体はホールを失ったため負に帯電する。この結果，n形半導体からp形半導体へと向かう電界が生じる。この電界によって自由電子はn形半導体に，ホールはp形半導体に引き戻されるクーロン力を受ける。最終的には，クーロン力と拡散力が釣り合ったところで電子，ホールの移動が止まる。この結果，図6−8(c)のように自由電子もホールも存在しない領域が存在する。この領域のことを空乏層と呼ぶ。

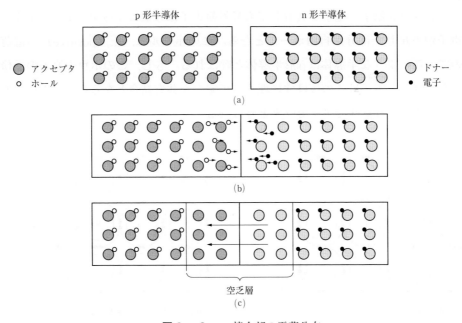

図6−8　pn接合部の電荷分布

図6−9(a)のようにpn接合に外部から電圧を印加した場合を考える。この場合，空乏層内の電界が減少するため，再び，電子がn形半導体からp形半導体内部へ，正孔がp形半導体からn形半導体内部に流れ込む。この結果，pn接合に電流が流れる。一方，図6−9(b)に示すように外部から電圧を印加すると，n形半導体中の電子とp形半導体中のホールは，それぞれ空乏層を広げる向きに移動する。この場合，絶縁体層である空乏層が広がったことになるため，電流は流れ難くなる。

ここで図6−9(a)のような電圧の印加方法を順方向バイアス，図6−9(b)のような電圧の印加方法を逆方向バイアスといい，順方向バイアスでは電流が流れるが，逆方向バイアスでは電流は流れない。このように，pn接合の一方向にバイアスを印加したときだけ電流が流れる作用を整流作用と呼び，このような素子をダイオードという。

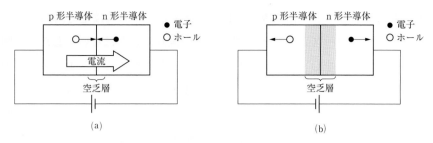

図6-9 順方向バイアスと逆方向バイアス

2.3 トランジスタ

トランジスタはバイポーラトランジスタとユニポーラトランジスタに大別できる。ユニポーラトランジスタは，一般には電界効果トランジスタとして広く知られている。

(1) バイポーラトランジスタ

バイポーラトランジスタの構造は，2対のpn接合が，順方向と逆方向に接続されたものである。図6-10に示すように，ベースとコレクタ間には逆方向バイアスが印加されているため，エミッタとコレクタ間を電流が流れることはない。しかし，スイッチSをONしてエミッタとベース間に順方向バイアスを印加すると，エミッタ内の電子はベース層に流れ込む。ここで，ベース層が十分薄ければ，ベース層に流れ込んだ電子はベースを通り抜けてコレクタに到達する。この場合には，エミッタとコレクタ間を電流が流れる。したがって，ベース層を流れる電流を変化させることによって，エミッタとコレクタ間を流れる電流の制御が可能となる。

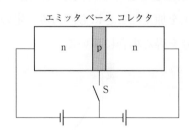

図6-10 バイポーラトランジスタの構造と動作原理

(2) 電界効果トランジスタ

電界効果トランジスタ（FET）は，電界によって動作するトランジスタである。図6-11(a)にMOSFETの構造を示す。ソースとドレイン間には，2対のpn接合が順方向と逆方向に接続されている。図に示すように，n形のソースとp形の半導体基板との間には順方向バイア

スが印加されているが，p形半導体基板とn形のドレインとの間には逆方向バイアスが印加されている。したがって，ソースとドレイン間を電流が流れることはない。しかし，図6－11(b)に示すように，スイッチS_1をONしてゲートに正の電圧を印加すると，半導体基板内に電界が発生する。この電界によって，半導体基板内の少数キャリアである電子はゲートに向かって吸引され，多数キャリアであるホールは電子と反対方向に移動する。この結果，酸化膜近くでは電子濃度がホール濃度より高くなり，この部分はn形半導体となる。この状態では，ソースとドレイン間はすべてn形半導体となるため導通する。したがって，ゲートに印加する電圧を変化させることによって，ソースとドレイン間を流れる電流の制御が可能となる。

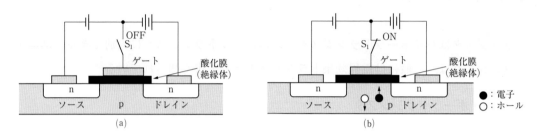

図6－11　MOSFETの構造と動作原理

2.4　電力用電子素子

（1）ダイアック（トリガ・ダイオード）

通常のダイオードは，順方向電圧が加わると順方向電流が流れるが，トリガ・ダイオードは，順方向電圧がある一定の電圧になるまで順方向電流は流れない（図6－12）。また，トリガ・ダイオードは，逆方向の電圧を加えたときにも，ある一定の電圧を超えると電流が流れ始める。交流信号から，トリガ信号を得る場合に用いる。

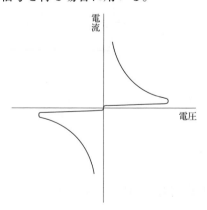

図6－12　ダイアックの電圧－電流特性

（2） 逆阻止 3 端子サイリスタ （SCR[1]）

逆阻止 3 端子サイリスタは，3 個の pn 接合で構成された 3 端子素子（アノード，ゲート，カソード端子）である（図 6 - 13）。

この素子は，ゲートに信号が与えられるまではアノード，カソード間は OFF 状態を保ち，ゲートに信号が与えられるとアノード，カソード間は ON 状態となり電流が流れる性質をもった素子である（図 6 - 14）。

〈特徴〉

① 高能率の電力制御用の素子である（30～50 V，0.1 A 用のものから 1 000 V，数 100 A のものまである）。
② 消耗がなく半永久的に使用できる。
③ サージに弱い。
④ 高温度に弱い。

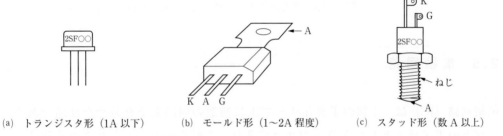

(a) トランジスタ形（1 A 以下）　　(b) モールド形（1～2 A 程度）　　(c) スタッド形（数 A 以上）

図 6 - 13　逆阻止 3 端子サイリスタの外形

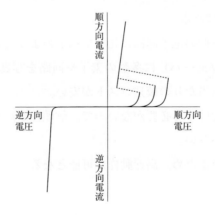

図 6 - 14　逆阻止 3 端子サイリスタの電圧 - 電流特性

---

[1] SCR は，ゼネラル・エレクトリック社の登録商標である。

（3）双方向サイリスタ（トライアック）

　双方向サイリスタは，電力制御に使用する素子である。逆阻止3端子サイリスタは一方向性の素子であるのに対し，双方向サイリスタは双方向性の素子であり，双方向の位相制御用として使用することができる（図6－15）。

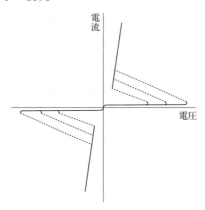

図6－15　双方向サイリスタの電圧－電流特性

2.5　集積回路

　集積回路（IC）は，1個の半導体チップ上に複数の回路素子を載せた部品である。このチップ上の素子は主としてトランジスタであり，これらのトランジスタの寸法は，一辺が $1\mu m$ 以下である。このような寸法のトランジスタを組み合わせて電子回路とし，一個のチップ上に機能をもったシステムがつくられている。集積回路は，その集積度が高くなるに従ってLSI，VLSI，ULSIなどと呼ばれる。

　このような集積回路は，一般の電子回路に比べて以下のような長所がある。
① 1枚の半導体基板（ウェーハ）に多数の素子や回路を写真技術で同時に印刷するため，大生産すると1システム当たりの製造コストが安い。
② 個々の素子をはんだ付けする必要がないので，信頼性が高くなる。
③ 小形で，電力消費が小さい。
④ 素子間の配線が短くなるため，高速動作が可能となる。

一方，短所としては，
① 開発費が高くなる。
② トランジスタの寸法が小さいため，出力の電圧，電流が小さい。
③ 使用者が回路を変更することができない。

などが挙げられる。

第3節　センサ素子

　計測や制御の分野において，人間の五感に相当する素子としてセンサは重要な役割を担っている。そこで，この節では各種センサの基本的な特性について説明する。

3.1　センサの分類

　センサは人間の五感に対応する素子であり，図6-16に各種センサと人間の五感の対応を示す。人間の目に対応するセンサが光センサであり，耳は音センサ，鼻は匂いセンサ，口は味センサとして機能している。

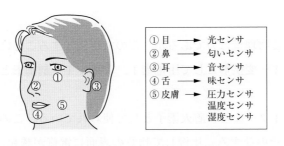

図6-16　人間の五感とセンサ

　センサは熱や光のような物理的エネルギー，湿度や匂いのような化学物質を電気信号に変換する素子や装置であり，物理的エネルギーを電気信号に変換する素子や装置を物理センサ，化学物質を電気信号に変換する素子や装置を化学センサと呼ぶ。したがって，物理量や化学量がセンサへの入力となり，電気信号がセンサからの出力となる。そこで，物理センサは入力によって，
① 力センサ
② 音波センサ
③ 熱センサ
④ 電界センサ
⑤ 磁界センサ
⑥ 光センサ
などがある。また，化学センサは，
① 湿度センサ

② ガスセンサ

などがある。

これらのセンサは，出力によって，

① エネルギー変換形
② エネルギー制御形

に分類される。エネルギー変換形センサは入力されたエネルギーを電気エネルギーに変換する。このタイプのセンサには太陽電池，熱電対などがある。一方，エネルギー制御形センサは入力されたエネルギーによってセンサの抵抗値が変化する。したがって，このタイプのセンサから出力信号を得るためには必ず外部電源が必要となる。このタイプのセンサにはCdS光導電セル，サーミスタなどがある。

3.2 物理センサ

(1) 力センサ

力センサで検知できる物理量は力であるが，この力を検知することによって重量，圧力などが検知できる。エネルギー変換形として圧電素子，エネルギー制御形としてひずみゲージが広く使われている。

圧電素子は，圧電ライターなどに着火素子として使われている。この圧電素子に圧力を加えてひずみを与えると，そのひずみに比例して物質の表面に電荷が誘起され，電圧が発生する。このような性質を圧電効果と呼び，この圧電素子に発生する電圧から，素子に加えられた圧力や力を検知することができる。

金属などの固体に力を加えてひずみを与えると，その電気抵抗が変化する。このようなひずみと電気抵抗の関係を使って，電気抵抗の変化から固体に加わる力を検知することができる。このような力センサはひずみゲージと呼ばれる。

(2) 音波センサ

音波の本質は物質の粗密波であり，空気中を伝ぱ（播）する音は空気を構成する気体分子の粗密波であるから，この粗密波を圧力として検知することによって音波が検知できる。この圧力は前述の圧電素子やひずみゲージで測定できる。図6-17に圧電素子を使った音波センサの一例を示す。この図に示すように，音波を受けた振動板が振動すると，この振動が圧電材料の一端に伝えられる。ここで，2枚の圧電材料を張り合わせておくと，1枚には圧縮応力，1枚には引張応力が働く。したがって，これらの圧電材料からの出力から音波の検出が可能となる。

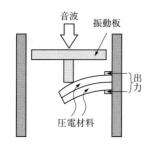
図6-17 圧電型音波センサの構造

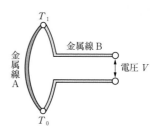
図6-18 熱電対の動作原理

（3）熱センサ

　エネルギー変換形の熱センサとして熱電対，エネルギー制御形のセンサとして抵抗温度計やサーミスタが広く使われている。

　異なる2種類の金属線A，Bを図6-18のように接続し，この両端に温度差を与えると起電力が発生する。図に示すように一端の温度T_0を基準温度として一定に保ち，他端の温度T_1を変化させると，この温度差に基づいて端子間に起電力が発生する。あらかじめ，温度差と熱起電力の関係を測定しておき，一端の温度T_0を一定に保持しながら端子間の電圧Vを測定することによって，熱電対の一端の温度T_1が検知できる。

　サーミスタや抵抗温度計は，金属の抵抗率が温度に依存することを利用したセンサである。金属線の抵抗値は，高温になると高くなるので，金属線の抵抗値から温度を検知することができる。

　一方，サーミスタは，半導体の抵抗率が温度に依存することを利用したセンサである。半導体の項で述べたように，半導体の温度が上昇すると自由キャリアが発生する。このキャリアが増加するに従って半導体の抵抗率は急激に低下する。この抵抗率の変化から温度が検知できる。図6-19に示すように，温度が上昇するに従って抵抗率が低くなるサーミスタをNTC（negative temperature coefficient）と呼ぶ。また，サーミスタの温度を上昇させた場合，特

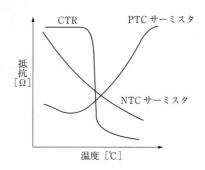
図6-19 サーミスタの種類と特性

定の温度で抵抗率が急激に高くなるサーミスタをPTC（positive temperature coefficient），抵抗率が急激に低くなるサーミスタをCTR（critical temperature resistor）と呼ぶ。

（4）電界センサ

トランジスタの項で，電界効果トランジスタ（FET）のゲートに電圧を印加することによってFETが動作することを学んだ。FETはゲートに電圧を印加しなくても，ゲート付近に電界が存在すれば，ソースとドレイン間の電流は変化する。したがって，FETのソースとドレイン間の抵抗値の変化から電界の強度を検知できる。

（5）磁界センサ

磁界中を移動する電荷には力が作用する。この現象を利用することによって，磁界の強さを電気信号として検知することができる。図6−20に示すように，磁界中に置かれた電線に電流を流すと，電線はローレンツ力によって図中に示す向きの力を受ける。同様に，図6−21のように磁界中で半導体に電流を流すと，半導体中の電子やホールはローレンツ力を受ける。この結果，端子AB間に電圧が発生する。この電圧から磁界の強度を検知することができる。このような効果をホール効果と呼び，磁界を検出するセンサをホールセンサという。

図6−22に示すように，磁界中に置かれた物体に電流を流すと，ローレンツ力によって電子の運動の方向は変化する。図に示すように，電子にローレンツ力が働くと，電子が移動する実効距離は長くなり，電極間の抵抗値は高くなる。このような磁界の強さと抵抗値の変化量から磁界が検知できる。このような効果を磁気抵抗効果と呼ぶ。

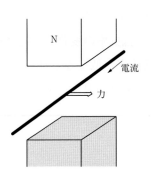

図6−20　磁界中の電線に作用する力

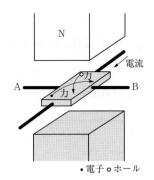

図6−21　磁界中の電子とホールに働く力

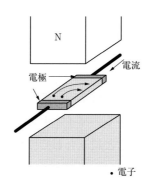

図6-22 磁界抵抗素子内の電子に働く力

(6) 光センサ

光の本質は電磁波であり，この光を検知するセンサには，エネルギー変換形として光起電力効果を利用したフォトダイオードやエネルギー制御形として光導電効果を利用した光導電セルなどがある。

半導体の項で説明したように，半導体に光を照射すると光のエネルギーにより電子やホールのキャリアが発生する。したがって，半導体はそれ自身が光センサとなる。

図6-23に示すように，半導体のpn接合の接合部に光を照射することにより，空乏層内に電子とホールの対が発生する。空乏層内には，n形からp形半導体に向かって電界が存在するため，電子はn形半導体へ，ホールはp形半導体へと移動する。したがって，n形半導体は負に帯電し，p形半導体は正に帯電する。この結果，n形半導体とp形半導体との間に電圧が発生し，この電圧に基づく電流を測定することによって，光の強度を検知することができる。

また，pn接合に真性半導体を挟むことで，感度や応答速度を改善することができる。

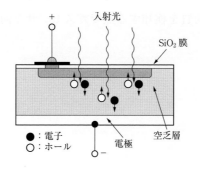

図6-23 フォトダイオードの構造

3.3 化学センサ

化学センサは，空気中の水分量，一酸化炭素の濃度，海水中の塩分の濃度など，物質の存在やその濃度を検知するためのセンサである。バイオセンサは化学センサの一種であり，生体関連物質を用い，熱センサや光センサなどと組み合わせて化学物質の存在や濃度を検知するセンサである。

（1）湿度センサ

湿気の多い浴室などでは，絶縁体の抵抗が低くなることはよく知られている。これは空気中の水分子の濃度が高くなると，絶縁体の表面に存在する水分子の量が増加し，絶縁体の表面抵抗が低下するためである。この表面抵抗の変化を測定することによって湿度を検知することができる。実際の湿度センサでは，セラミックや高分子の絶縁体を使っている。これらの絶縁体に水分が吸着すると，吸着水分の解離によってイオンが発生し，このイオンが伝導に寄与するため，表面抵抗は著しく低下する。

（2）ガスセンサ

ガスセンサも湿度センサと同様に，空気中に分布した特定の分子の濃度を検知するためのセンサである。したがって，基本的な動作原理は湿度センサと同じであり，ガス分子が吸着すると，物質の抵抗が変化することを利用したセンサである。現在のガスセンサは，酸化物半導体であるSnO_2，ZnO，WO_3などで構成され，これらのガスセンサで検知できるガス分子は，プロパン，メタン，エチレン，水素，一酸化炭素，NOxなどである。匂いセンサは空気中の匂いの元になる分子を検知するセンサであり，味センサは食物中の味の素になる分子を検知するセンサである。したがって，物質を検知する点でガスセンサと同様の原理で動作する。

第4節　その他の材料と素子

この節では最近注目されている材料や素子として，光ファイバケーブル，超伝導材料，太陽電池について説明する。

4.1　光ファイバケーブル

(1) 光ファイバケーブル

光ファイバケーブルは情報伝送の媒体として，高速，大容量の情報伝送に適していることから，大量に使用されるようになった。

光ファイバの分類は，情報伝送のモードによって，シングルモード形とマルチモード形に分類されている。

シングルモード形は一つの光信号によって情報を伝送する方式であり，マルチモード形は同時に多数の光信号によって情報を伝送する方式である。

図6－24は光ファイバケーブルを示す。

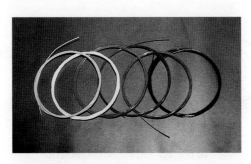

図6－24　光ファイバケーブル

〈光ファイバケーブルの特徴〉
① 超高周波に対しロスが少ない。
② 外部雑音にも強く軽量である。
③ 電磁誘導の影響を受けない。
④ 光ファイバは絶縁性能が高く，電気的混触事故を起こすことがない。
⑤ 光が漏れることがないため，無中継で遠距離まで情報を伝送することができる。
⑥ 光信号を電気信号に変換する装置が必要である。
⑦ 光ファイバケーブル相互を接続する場合，特殊な治具が必要である。

〈光ファイバケーブルに用いられる材料〉

　ガラス系の光ファイバケーブルは，石英ガラスが最も多く使用されているが，短距離用としてプラスチック系の光ファイバケーブルも使用されている。

① 石英ガラス
② 多成分ガラス
③ 複合材料
④ プラスチック

（2）光ファイバ材料

　光ファイバは，光を通す細い繊維であり，普通は純度の高いガラスを直径0.1〜0.2mmの太さで線引きしたものをいう。しかし，最近では，石英ガラスの酸化物，塩化カリウムや臭化タリウムのようなハロゲン化物，プラスチックなども光ファイバ材料として用いられている。

　光ファイバ材料自体としては，固体絶縁材料として分類されるが，用途としては，通信線と同様の電気信号を伝送する情報通信線である。

　光ファイバの構成は，図6－25に示すようにコア部分の材料とクラッド部分の材料からなっており，コア部分の材料がクラッド部分の材料より十分に屈折率が高いことが要求される。代表的な材質を表6－11に示す。

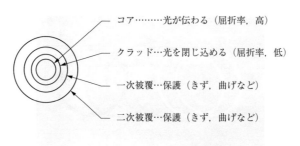

図6－25　光ファイバの構造図

　また，光ファイバの種類は構成される材料だけではなく，コアの屈折率分布と光ファイバ内の光の伝わり方（伝搬モード）によっても表6－12のように三つに分けられる。

　このように光ファイバは通常の通信線と同じ役割をしているのであるが，その特徴を比べると表6－13のようになる。このように，信号の伝送という点では，光ファイバによる光伝送のほうが優れており，光ファイバは多くの方面で使用されている。

表6-11　光ファイバの材質

光ファイバの呼び名	材質	
	コア	クラッド
石英光ファイバ	石英ガラス (50)	石英ガラス (125)
PCF	石英ガラス (200)	プラスチック (シリコン樹脂) (300)
APF	プラスチック (PMMA) (980)	プラスチック (ふっ素系樹脂) (1 000)

(注)　(　) 内は代表的な直径μm
　　　PMMA：ポリメチルメタアクリレート樹脂
　　　PCF：(Plastic Clad Silica Fiber)
　　　APF：(All Plastic Fiber)

表6-12　光ファイバの種類と伝搬モード，特徴

分類	屈折率分布と伝搬モード	名称，特徴
マルチモード光ファイバ	屈折率	●ステップ・インデックス形光ファイバ (SI) コアの屈折率分布が一様でモードによる信号のひずみが大きい。
マルチモード光ファイバ	屈折率	●グレーデッド・インデックス形光ファイバ (GI) コアの屈折率分布が断面内で緩やかに変化しており，モードによる信号のひずみが小さい。
シングルモード光ファイバ	屈折率	●シングルモード形光ファイバ (SM) コア径が小さく (直径約10μm)，単一モードのみ伝搬する。長距離伝送に向く。

表6-13　光ファイバと通信電線の比較

	光ファイバ	電線
価格	高い	安い
重量	軽い	重い
大きさ	小	大
ノイズの影響	小	大
分岐	難	容易
コネクタ付け	やや難	容易
接続	やや難	容易
布設	やや難	容易
電力線と信号線の分離	不要	要

4.2 超伝導材料

(1) 超伝導体の性質

超伝導体を冷却していくと，その電気抵抗が完全にゼロになる完全導電性，磁場を超伝導内から排除する完全反磁性といった性質が現れる。このような性質を使って磁気浮上のリニアモータカーなどの実用化が期待されている。

a 完全導電性

図6-26に示すように鉛などの金属を冷却していくと超伝導状態になり，電気抵抗が0となる。この性質を完全導電性という。また，常伝導状態から超伝導状態に転移するときの温度を臨界温度という。この完全導電性は超伝導体の基本的性質であるとともに実用面においても重要な性質である。例えば，完全導電性を用いれば電流を流してもエネルギー損失が起こらないため，超伝導送電などが考えられている。また，リング状の超伝導体に電流を流すと完全導電性によりその電流は永久に流れ続ける。この電流を永久電流といい，この応用としてエネルギー貯蔵などが考えられている。

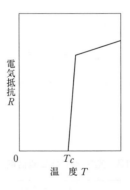

図6-26 超伝導体の電気抵抗の温度依存性

b マイスナー効果

完全導電性と並ぶ超伝導体の基本的な特徴としてマイスナー効果がある。図6-27に示すように，マイスナー効果は外部から超伝導体に磁場を加えたときに，この磁場が超伝導体内部から超伝導体外部へと排除され，超伝導体内部の磁場を0にする完全反磁性を示す性質である。試料が超伝導状態であることの条件は，試料が完全導電性とマイスナー効果を示すことである。

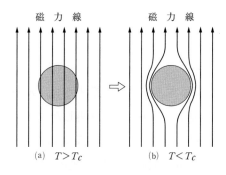

図6-27 マイスナー効果

(2) 高温超伝導体

1986年にドイツのベドノルドとミュラーは，La-Ba-Cu-O系のセラミックを30K付近まで冷やすと電気抵抗が減り始め，10K付近で完全に0になることを発見した。このような酸化物系の超伝導体を高温超伝導体という。図6-28に超伝導の臨界温度の歴史を示した。高温超伝導体が発見される前の最高臨界温度はNb_3Ge（ニオブゲルマニウム）の23.2Kである。現在の臨界温度の最高値は130Kを超えている。従来の超伝導体はその臨界温度が低いため液体ヘリウム中で使用しなければならないが，高温超伝導体は液体窒素中でも使用できる。ヘリウムは地球上に多くは存在しないため，一般に液体ヘリウムの価格は高い。一方，窒素は地球上にほぼ無限に存在するため，液体窒素の価格は低い。したがって，冷却材には液体窒素を使用することが望ましく，高温超伝導体の実用化が大いに期待されている。

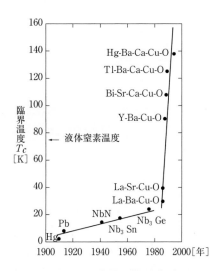

図6-28 超伝導臨界温度の年代変化

4.3 太陽電池

　太陽電池は光エネルギーを電気エネルギーに変換するエネルギー変換素子である。したがって，その構造や動作原理は「本章3.2（6）」で説明したフォトトランジスタと同様である。しかし，センサは信号としての光を信号としての電気エネルギーに変換する素子であるから，微量のエネルギーだけを扱う。一方，太陽電池は，光のエネルギーを電気エネルギーに変換し，そのエネルギーを利用するためのエネルギー変換素子である。したがって，太陽電池の場合には，面積の大きいpn接合を作り，大量の光を受光できる構造になっている。

第6章のまとめ

　電気・電子部品は電気回路素子，電子回路素子，センサ素子に分類でき，この章ではこれらの特性を学んだ。

　電気回路素子のうち抵抗，コンデンサ，コイルについて，素子の基本的な特性を学んだ。電子回路素子のうちダイオード，トランジスタ，電力用半導体素子，集積回路について，素子の基本的な特性を学んだ。センサ素子は，人間の五感に相当する素子であり，各種センサの基本的な特性について学んだ。その他の材料と素子としては，光ファイバケーブル，超伝導材料，太陽電池について学んだ。

第6章 練 習 問 題

1. 文章中の（ ）内に適切な語を入れて，文章を完成せよ．
   (1) n形半導体とは真性半導体中にリンのような（①）の元素を不純物として添加した半導体である．真性半導体中にリン原子を添加すると，シリコン原子と電子を共有しても1個の電子が過剰となる．この過剰となった電子は外部から微量のエネルギーを供給すると（②）となる．ここで，リン原子は（②）を供給するという意味で（③）と呼ばれる．
   (2) p形半導体とは真性半導体中にホウ素のような（④）の元素を不純物として添加した半導体である．ホウ素原子は3個の価電子をもっているため，シリコン原子と電子を共有しても最外殻電子は8個にならず1個不足する．このように電子が不足した部分を（⑤）と呼ぶ．このホウ素原子の近くに自由電子が存在すれば，電子は（⑤）に埋まって完全な共有結合となるため，ホウ素原子は電子を取り入れるという意味で（⑥）と呼ばれる．

2. 整流作用について説明せよ．

3. MOSFETの動作原理について説明せよ．

4. 光センサ，熱センサ，圧力センサを一つずつ挙げ，その動作原理について説明せよ．

5. 文章中の（ ）内に適切な語を入れて，文章を完成せよ．
   超伝導体を冷却すると，その電気抵抗は0となる．この温度を（①）といい，このように抵抗が0になる性質を（②）という．また，冷却した超伝導体の内部には磁場が存在しなくなる．この性質を（③）効果という．

6. 光ファイバケーブルについて，その特徴を挙げよ．

第 1 章　練習問題の解答

1.
 (1) ① 非鉄金属材料
 (2) ② 小さい
    ③ 良好
 (3) ④ ポリエチレン
 (4) ⑤ ボーキサイト

2．金属は，一般に次のような性質を有するものである。
 ・不透明で，特殊な色と光沢（金属光沢）を有する。
 ・一般に板や棒のように薄く伸ばすことができる。
 ・熱や電気をよく伝える。
 ・常温では一般に固体である。

3．合成樹脂の長所は，次のようなものである。
 ・電気的絶縁性に優れている。
 ・軽くて強い製品ができる。
 ・耐薬品性に優れている。
 ・着色が自由である。
 ・どのような形のものでも比較的容易につくることができる。
 ・大量生産が可能である。

 合成樹脂の短所は，次のようなものである。
 ・熱に弱い。
 ・表面が軟らかく，ほこりがつきやすい。
 ・金属と比較すると機械的強度が低い。
 ・樹脂によっては溶剤に弱い。

4．熱硬化性の合成樹脂は，いろいろな形に加工する場合，熱と圧力を加えて硬い製品を作製できるが，それに再び熱を加えても軟らかくならない性質がある。
 熱可塑性の合成樹脂は，加熱すると軟化し，いろいろな形に加工することができ，冷える

練習問題の解答

と硬化するが，それに再び熱を加えるとまた軟らかくなる性質がある。

第2章　練習問題の解答

1. 式（2-1）の $R = \rho\ (l/s)$ より，電線の抵抗値は，電線の長さに比例するので，長さが2倍になれば抵抗値も2倍になる。よって，

   $5\ \Omega \times 2 = 10\ \Omega$

   となる。

2. 抵抗の温度係数を表す，式（2-2）の $R_t = R_{t0}\{1 + \alpha_{t0}(t - t_0)\}$ より，

   $R_t = 10\{1 + 0.004(30 - 10)\}$
   $\quad = 10.8\ \Omega$

   となる。

3. 電線の公称断面積は，素線1本の断面積×素線数より，

   $3.14 \times 0.8^2 \times 7 = 14.067\ 2\ \text{mm}^2$

   となる。

4. 接点の損傷や融着または，接触抵抗の増加を防ぐこと目的とする。第2節2.1を参照。

第３章　練習問題の解答

1.
    (1) ① 漏れ電流
    (2) ② 金属酸化物
        ③ セラミックス
    (3) ④ 絶縁破壊

2. ① 高温度
   ② 湿気
   ③ 放電
   ④ 化学薬品
   ⑤ 微生物
   ⑥ 屋外使用

3. 気体絶縁材料は，局部放電による気体の分解によりオゾン（O_3）や窒素の酸化物（NO_x）を発生させ，付近の金属や絶縁物を腐食させる性質がある。特に塩素（Cl）やふっ素（F）のようなハロゲンを含む場合は，人体に対して毒性を示す性質もある。

　また，気体の圧力に比例する火花電圧の上昇とともに気体の絶縁耐力は向上するため，気体絶縁材料の気圧が大気圧より小さくなると，絶縁耐力は低下する。しかし，気圧がさらに低くなり火花電圧が最小値となる $P \times d$ の気圧より低くなると，逆に絶縁耐力は向上する性質を有している。

第4章 練習問題の解答

1. 変圧器等の電気機器の磁心（鉄心）として要求される性質は，
   ① 保持力及び残留磁気の小さいこと
   ② 磁気飽和の値が大きいこと
   ③ 透磁率が大きく，なるべく一定なこと
   ④ 電気抵抗が大きいこと（うず電流を小さくするための必要条件）
   ⑤ 機械的，電磁的に安定していること
   である。3.1参照。

2. ① 多い
   ② 小さく
   ③ 少ない
   ④ 大きい

3. ① 磁化
   ② 残留磁気
   ③ ヒステリシス
   ④ うず電流
   ⑤ 成層鉄心

4. フェライトにはニッケル，マンガン，コバルトなどの2価の金属が用いられ，抵抗率の大きさも半導体や絶縁体と同じ程度であるから，高い周波数でもうず電流損が少ない。また，透磁率が大きく，成形が容易であることから，通信機用の鉄心に適している。
   3.5（2）参照。

第5章　練習問題の解答

1. フレキシブル電線管，プライヤブル電線管

2. リモコンスイッチは，小勢力回路によってリモコンリレーを操作し，このリレーによって電灯などの点滅を行う一種の遠隔操作用スイッチである。

3. S型スリーブ，O型スリーブ，テンションスリーブ，圧着スリーブ，圧縮スリーブ

4. 漏電遮断器の動作方式として，現在，主に用いられている電流動作式は，電路中に零相変流器（ZCT）を置くことにより，変流器より負荷側に漏電が起きると，各線の電流値に差が生じ，その差に応じた電流が変流器の二次側に流れ，漏電電流値があらかじめ定められた値以上になると電路を遮断するものである。

5.
   (1) ① 防災
       ② 熱
       ③ 煙
       ④ 炎
   (2) ⑤ 非常用照明
       ⑥ 室内
       ⑦ 通路
   (3) ⑧ 誘導灯
       ⑨ 非常口
       ⑩ 避難通路
       ⑪ 自主認定

第6章　練習問題の解答

1.
 (1) ① Ⅴ族
   ② 自由電子
   ③ ドナ
 (2) ④ Ⅲ族
   ⑤ ホール
   ⑥ アクセプタ

2．pn接合ダイオードの性質である。p形半導体からn形半導体に向けて電圧を印加（順方向バイアス）した場合は電流が流れ，その逆方向に電圧を印加（逆方向バイアス）した場合は電流が流れない。このような作用を整流作用と呼ぶ。このような素子をダイオードという。
 2.2参照。

3．MOSFETの動作原理は，次のとおりである。
 ＜オフの状態＞
 ゲートに電圧が印加されていない時は，ゲートとソースには同電位の電圧が印加されている。この時，ソース（n形半導体）とドレイン（n形半導体）の間にはp形半導体が挟まれているので，ソースからドレインへ電子の移動はない。したがって，ドレインとソース間に電流は流れず，MOSFETはオフの状態である。
 ＜オンの状態＞
 次にゲートに正の電圧を印加すると，p形半導体にある電子は発生した電界のためにゲートの方向に移動し，ホール（正孔）は電子と反対方向に移動する。つまり，p形半導体のゲート界面に，n形半導体の反転層が形成される。この結果，ソースとドレイン間の一部がn形半導体となるためソースとドレイン間は導通する。
 なお，ゲートに印加する電圧が高ければ多くの電子をドレインに通すことができる。
 2.3（2）参照

練習問題の解答

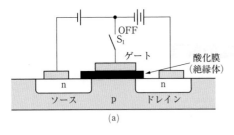 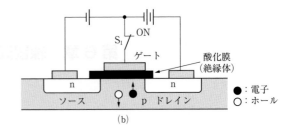

MOSFETの構造と動作原理

4．光センサ，熱センサ，圧力センサの動作原理は，次のとおりである。

＜光センサ＞

（種類）

・フォトダイオード（エネルギー変換型）

・光導電セル（エネルギー制御型）

（動作原理）

・フォトダイオード

　pn接合の接合部に光が照射されると，起電力が生ずる光起電力効果を利用したもので，この電圧に基づく電流を測定することによって光の強度を検知することができる。

・光導電セル

　光が照射されると，物体内の電子とホール（正孔）の対の発生により，導電率の変化する光導電効果によって抵抗値の変化を求めて光の量を検出することができ，街路灯の自動点滅器などに利用されている。

　3.2（6）参照

＜熱センサ＞

（種類）

・熱電対（エネルギー変換型）

・サーミスタ（エネルギー制御型）

（動作原理）

・熱電対

　異なる2種類の金属Aと金属Bの両端を接続して回路を構成し，その2つの接続部（T_1，T_0とする）に温度差を与えると，回路に起電力が発生して電流が流れる。T_0の温度を保持した状態でT_1の温度を変化させ，その回路の起電力を測定することによって，熱電対の一端（T_1）の温度を検知することができる。

・サーミスタ

　温度変化で電気抵抗値が変化（種類により抵抗率は高低する。NTC，PTC，CTR）する素子であり，抵抗率が温度に依存することを利用したセンサである。高温になると

— 256 —

PTCの抵抗値は高くなり，NTCとCTRの抵抗値は低くなるので，金属線の抵抗値から温度を検知することができる。

　　3.2（3）参照

＜圧力センサ＞

（種類）

　・圧電素子（エネルギー変換型）

　・ひずみゲージ（エネルギー制御型）

（動作原理）

　・圧電素子

　　圧力を加えてひずみを与えると，そのひずみ（金属は引っ張ると伸びると同時に細くなる。その金属の元の長さに対する伸びた長さの割合のこと）に比例して物質の表面に電荷が誘起され，電圧が発生する。このような性質を圧電効果と呼び，圧電素子に発生する電圧から，素子に加えられた圧力や力を検知することができる。

　・ひずみゲージ

　　金属などの固体に力を加えて発生したひずみを与えると，その電気抵抗が変化する。このようなひずみと電気抵抗の関係を使って，電気抵抗の変化から固体に加わる力を検知することができる。

　　3.2（1）参照

5．① 臨界温度

　② 完全導電性

　③ マイスナー

6．① 超高周波に対しロスが少ない。

　② 外部雑音にも強く軽量である。

　③ 電磁誘導の影響を受けない。

　④ 絶縁性能が高く，電気的混触事故を起こすことがない。

　⑤ 光が漏れることがないため，無中継で遠距離まで情報を伝送することができる。

　⑥ 光信号を電気的信号に変換する装置が必要である。

　⑦ 光ファイバケーブル相互を接続する場合，特殊な治具が必要である。

　4.1参照。

○使用規格一覧

（ ）内の数字は本教科書の該当ページ

■日本工業規格（発行元　一般財団法人日本規格協会）

1．JIS B 1112：1995「十字穴付き木ねじ」（192）
2．JIS C 0303：2000「構内電気設備の配線用図記号」（42）
3．JIS C 2320：1999（追補：2010）「電気絶縁油」（99）
4．JIS C 2520：1999「電熱用合金線及び帯」（68，69）
5．JIS C 2552：2014「無方向性電磁鋼帯」（115）
6．JIS C 2553：2012「方向性電磁鋼帯」（114）
7．JIS C 2804：1995「圧縮端子」（175）
8．JIS C 2806：2003「銅線用裸圧着スリーブ」（173）
9．JIS C 3824：1992「高圧がい管」（150）
10．JIS C 5101-1：2010「電子機器用固定コンデンサ-第1部：品目別通則」（225，226）
11．JIS C 8280：2011（追補：2014）「ねじ込みランプソケット」（169）
12．JIS C 8302：2015「E形受金をもつアダプタ及び分岐ソケット」（169）
13．JIS C 8305：1999「鋼製電線管」（125）
14．JIS C 8309：1999「金属製可とう電線管」（131）
15．JIS C 8352：2015「配線用ヒューズ通則」（193）
16．JIS C 8364：2008「バスダクト」（59）
17．JIS C 8411：1999「合成樹脂製可とう電線管」（135）
18．JIS C 8430：1999「硬質塩化ビニル電線管」（132）
19．JIS H 2121：1961「電気銅地金」（17）
20．JIS H 3100：2018「銅及び銅合金の板並びに条」（17）

■電気規格調査会標準規格（発行元　一般社団法人電気学会）

1．JEC 6147：2010「電気絶縁システムの耐熱クラスおよび熱的耐久性評価」（79）

■内線規程：JEAC 8001-2016（発行元　一般社団法人日本電気協会）

1．1360-2表（195）
2．3202-2表（162）
3．3202-3表（163）

規格・法令等一覧

（　）内の数字は本教科書の該当ページ

○参考規格一覧

■日本工業規格（発行元　一般財団法人日本規格協会）

1. JIS A 5372：2016「プレキャスト鉄筋コンクリート製品」(151)
2. JIS A 5373：2016「プレキャストプレストレスコンクリート製品」(182)
3. JIS C 0303：2000「構内電気設備の配線用図記号」(41)
4. JIS C 1602：2015「熱電対」(64)
5. JIS C 2255：2015「フレキシブルマイカ」(83)
6. JIS C 2300-1：2010「電気用セルロース紙-第1部：定義及び一般要求事項」(89)
7. JIS C 2300-3-1：2010「電気用セルロース紙-第3-1部：個別製品規格-絶縁紙」(89)
8. JIS C 2305-1：2010「電気用プレスボード及びプレスペーパー-第1部：定義及び一般要求事項」(89)
9. JIS C 2305-3-1：2010「電気用プレスボード及びプレスペーパー-第3-1部：個別製品規格-プレスボード」(89)
10. JIS C 2315-1：2010「電気用バルカナイズドファイバー-第1部：定義及び一般要求事項」(89)
11. JIS C 2315-3-1：2010「電気用バルカナイズドファイバー-第3-1部：個別製品規格-平板」(89)
12. JIS C 2320：1999（追補：2010）「電気絶縁油」(98)
13. JIS C 2336：2012「電気絶縁用ポリ塩化ビニル粘着テープ」(179)
14. JIS C 2520：1999「電熱用合金線及び帯」(68)
15. JIS C 2530：1993（追補：2006）「電気用バイメタル」(64)
16. JIS C 2552：2014「無方向性電磁鋼帯」(113)
17. JIS C 2553：2012「方向性電磁鋼帯」(112)
18. JIS C 2804：1995「圧縮端子」(175)
19. JIS C 2805：2010「銅線用圧着端子」(175)
20. JIS C 2813：1992（追補：2009）「屋内配線用差込形電線コネクタ」(177)
21. JIS C 3204：1988「横巻線」(38)
22. JIS C 3215-0-1：2014「巻線共通規格-第0-1部：一般特性-エナメル銅線」(38)
23. JIS C 3215-0-2：2014「巻線共通規格-第0-2部：一般特性-エナメル平角銅線」(38)
24. JIS C 3215-0-3：2014「巻線共通規格-第0-3部：一般特性-エナメルアルミニウム線」(38)
25. JIS C 3215-0-4：2014「巻線共通規格-第0-4部：一般特性-ガラス巻平角銅線及びエナメルガラス巻平角銅線」(38)
26. JIS C 3215-0-6：2017「巻線共通規格-第0-6部：一般特性-樹脂又はワニスを含浸させたガラス巻銅線及びエナメルガラス巻銅線」(38)
27. JIS C 3215-1：2014「巻線個別規格-第1部：クラス105のポリビニルアセタール銅線」(39)

28. JIS C 3215-2：2016「巻線個別規格-第2部：クラス130の融着層付きはんだ付け可能ポリウレタン銅線」(39)
29. JIS C 3215-4：2016「巻線個別規格-第4部：クラス130のはんだ付け可能ポリウレタン銅線」(39)
30. JIS C 3215-8：2014「巻線個別規格-第8部：クラス180のポリエステルイミド銅線」(39)
31. JIS C 3215-14：2014「巻線個別規格-第14部：クラス105のポリビニルアセタールアルミニウム銅線」(39)
32. JIS C 3215-17：2014「巻線個別規格-第17部：クラス105のポリビニルアセタール平角銅線」(39)
33. JIS C 3215-31：2017「巻線個別規格-第31部：樹脂又はワニスを含浸させた，温度指数180のガラス巻平角銅線及びエナメルガラス巻平角銅線」(38, 39)
34. JIS C 3215-32：2017「巻線個別規格-第32部：樹脂又はワニスを含浸させた，温度指数155のガラス巻平角銅線及びエナメルガラス巻平角銅線」(38, 39)
35. JIS C 3215-48：2017「巻線個別規格-第48部：樹脂又はワニスを含浸させた，温度指数155のガラス巻銅線及びエナメルガラス巻銅線」(38, 39)
36. JIS C 3215-49：2017「巻線個別規格-第49部：樹脂又はワニスを含浸させた，温度指数180のガラス巻銅線及びエナメルガラス巻銅線」(38, 39)
37. JIS C 3215-54：2016「巻線個別規格-第54部：クラス155のポリエステル銅線」(39)
38. JIS C 3301：2000「ゴムコード」(55)
39. JIS C 3306：2000「ビニルコード」(55)
40. JIS C 3652：1993「電力フラットケーブルの施工方法」(54)
41. JIS C 3825：1977「ネオンがいし」(150)
42. JIS C 3844：1995「低圧ピンがいし」(146)
43. JIS C 3845：1995「低圧引留がいし」(146)
44. JIS C 5062：2008「抵抗器及びコンデンサの表示記号」(222)
45. JIS C 5101-1：2010「電子機器用固定コンデンサ-第1部：品目別通則」(225)
46. JIS C 8121-2-3：2015「ランプソケット類-第2-3部：直管LEDランプソケットに関する安全性要求事項」(170)
47. JIS C 8201-2-1：2004「低圧開閉装置及び制御装置-第2-1部：回路遮断器（配線用遮断器及びその他の遮断器）」(203)
48. JIS C 8201-2-2：2011「低圧開閉装置及び制御装置-第2-2部：漏電遮断器」(206)
49. JIS C 8201-4-1：2010「低圧開閉装置及び制御装置-第4-1部：接触器及びモータスタータ：電気機械式接触器及びモータスタータ」(200)
50. JIS C 8211：2004「住宅及び類似設備用配線用遮断器」(203)
51. JIS C 8303：2007「配線用差込接続器」(162, 163)
52. JIS C 8304：2009「屋内用小形スイッチ類」(154)

53. JIS C 8305：1999「鋼製電線管」（124）

54. JIS C 8309：1999「金属製可とう電線管」（130）

55. JIS C 8310：2000「シーリングローゼット」（169，170）

56. JIS C 8313：2016「配線用つめ付きヒューズ」（61）

57. JIS C 8314：2015「配線用筒形ヒューズ」（61）

58. JIS C 8319：2016「配線用ねじ込みヒューズ及び栓形ヒューズ」（61）

59. JIS C 8324：2017「蛍光灯ソケット及びスタータソケット」（170）

60. JIS C 8352：2015「配線用ヒューズ通則」（193）

61. JIS C 8411：1999「合成樹脂製可とう電線管」（134，136）

62. JIS C 8412：1999（追補：2006）「合成樹脂製可とう電線管用附属品」（136）

63. JIS C 8430：1999「硬質塩化ビニル電線管」（132）

64. JIS C 8432：1999「硬質塩化ビニル電線管用附属品」（133，134）

65. JIS C 8435：2018「合成樹脂製ボックス及びボックスカバー」（134）

（　）内の数字は本教科書の該当ページ

○参考法令・法律一覧

1．火薬類取締法（181）

2．建築基準法（135，213，215）

3．消防法（50，164，215）

4．消防法施行令（164）

5．電気設備に関する技術基準を定める省令（53，143）

6．電気設備の技術基準の解釈（54，202）

7．電気用品安全法（41，43，44，47，51～54，124，126～128，130，132，133，138，142，156，158，162，163，198）

8．電気用品取締法（142）

9．放射性同位元素等による放射線障害の防止に関する法律（212）

（　）内の数字は本教科書の該当ページ

○参考文献等

1．『機械実用便覧　改訂第7版』一般社団法人日本機械学会著，2011，pp210～211

2．『電気材料便覧』社団法人電気学会，1975（83）

3．『配電制御機器　概説講座　電磁開閉器』三菱電機株式会社オフィシャルサイト

4．「防水ゴムプラグ引掛接3P」株式会社MonotaROオフィシャルサイト（https://www.monotaro.com）

○**協力企業等**（五十音順・企業名等は執筆当時のものです）

一般社団法人日本照明工業会（図5-141，表5-33）

株式会社安達コンクリート工業（図5-37）

株式会社 MonotaRO（図5-53(d)）

株式会社ヤザワコーポレーション（図5-62(h)）

昭和電線ケーブルシステム株式会社（図2-29）

東芝ライテック株式会社（図2-30）

中川ヒューム管工業株式会社（図5-38）

日本消防検定協会（図5-134，図5-139）

パナソニック株式会社エコソリューションズ社（図2-22，図5-39(f)，図5-44，図5-45(a)，図5-49(b)，図5-51，図5-54，図5-55(a)，(b)，(d)〜(k)）

富士電機機器制御株式会社（図2-31(a)）

索　引

［数字・アルファベット］

600Vビニル絶縁電線	40
EM電線	41
IC	234
pn接合	229
SCR	233

［あ］

圧延鋼材	15
圧電気材料	64
アモルファス磁性材料	117
アルミ電線	36
アルミニウム	19
アルミニウム電線管	129

［え］

永久磁石材料	107
塩化ビニル樹脂	24

［か］

がい管	148
カップリング	133

［き］

希土類を用いた永久磁石	110
逆阻止3端子サイリスタ	233
金属製可とう電線管	130
金属線ぴ	142
金属ダクト	141

［く］

クランプ	178

［け］

蛍光材料	65
けい素鋼板（帯）	111
ケーブル	47
ケーブルラック	144

［こ］

コイル	220
高圧がいし	146
硬質塩化ビニル電線管	132
高周波用磁心材料	117
合成樹脂	21
合成樹脂製可とう電線管	134
合成樹脂線ぴ	143
合成絶縁油	98
鋼製電線管	124
高透磁率材料	116
硬銅線	36
コード	54
コードコネクタ	166
コネクタ	133, 176
ゴム系絶縁材料	93
コンセント	164
コンデンサ	220
コンパウンド	95

［さ］

サイリスタ	233
差込み接続器	162
差込みプラグ	163

［し］

シーリングローゼット	170
支持金物	187
遮断器	202
樹脂系絶縁材料	91
焼結磁石材料	110
植物性油	97

［す］

スイッチ	154
スクリューアンカ	180
スリーブ	172

索　引

[せ]

析出硬化磁石材料 …………………………………… 109
積層絶縁物 ……………………………………………… 96
接続端子 ……………………………………………… 175
接地極材料 …………………………………………… 186
接点材料 ……………………………………………… 60
セルラメタルフロアレースウェー …………………… 140
繊維質絶縁材料 ……………………………………… 88
センサ ………………………………………………… 235

[そ]

造形絶縁物 …………………………………………… 96
装柱金物 ……………………………………………… 185
双方向サイリスタ …………………………………… 234
測定器用抵抗材料 …………………………………… 67
ソケット ……………………………………………… 168

[た]

ダイアック …………………………………………… 232
太陽電池 ……………………………………………… 246
ダクト ………………………………………………… 58
鍛鋼 …………………………………………………… 15
単線 …………………………………………………… 34

[ち]

鋳鋼 …………………………………………………… 15
鋳鉄 …………………………………………………… 15
超伝導材料 …………………………………………… 244

[て]

低圧がいし …………………………………………… 146
抵抗 …………………………………………………… 220
抵抗材料 ……………………………………………… 66
テープ ………………………………………………… 179
鉄鋼材料 ……………………………………………… 12
デバイス ……………………………………………… 9
電線 …………………………………………………… 34
電柱 …………………………………………………… 181
電熱用抵抗材料 ……………………………………… 68
電流制限器 …………………………………………… 209
電流調節用抵抗材料 ………………………………… 67

[と]

銅 ……………………………………………………… 16
特殊鋼 ………………………………………………… 15
トライアック ………………………………………… 234
ドライブピン ………………………………………… 181
トランジスタ ………………………………………… 231
トリガ・ダイオード ………………………………… 232

[な]

ナイフスイッチ ……………………………………… 197
軟銅線 ………………………………………………… 36

[ね]

ネオンがいし ………………………………………… 150
ねじ込みプラグ ……………………………………… 166
熱可塑性樹脂 ………………………………………… 24
熱硬化性樹脂 ………………………………………… 23
熱電対材料 …………………………………………… 64

[は]

バイメタル …………………………………………… 64
バスダクト …………………………………………… 58
はんだ ………………………………………………… 178
半導体 ………………………………………… 70, 228

[ひ]

光ファイバケーブル ………………………………… 241
非常用照明器具 ……………………………………… 213
非鉄金属材料 ………………………………………… 12
ヒューズ ……………………………………………… 193
ヒューズ材料 ………………………………………… 61
避雷針用材料 ………………………………………… 186

[ふ]

プライヤブル電線管 ………………………………… 131
ブラシ材料 …………………………………………… 62
フラッシプレート …………………………………… 153
フレキシブル電線管 ………………………………… 130
フロアダクト ………………………………………… 138
分電盤 ………………………………………………… 208

[へ]

ペースト ……………………………………………… 178

[ま]

マグネシウム ································ 19

[む]

無機絶縁材料 ······························· 82

[も]

木ねじ ····································· 192

[や]

焼入れ硬化磁石材料 ······················ 108

[ゆ]

誘導灯 ····································· 215

[よ]

より線 ······································ 34

[ら]

ライティングダクト ························ 58

[ろ]

ろう付材料 ································· 62

[わ]

ワニス ······································ 95

委 員 一 覧

昭和63年2月〈作成委員〉	中野 弘伸	職業訓練大学校	
	渡邉 信公	職業訓練大学校	
平成7年2月〈改定委員〉	岡野 一男	職業能力開発大学校	
	中野 弘伸	職業能力開発大学校	
平成15年3月〈改定委員〉	今園 浩之	職業能力開発総合大学校	
	岡野 一男	職業能力開発総合大学校	

(委員名は五十音順,所属は執筆当時のものです)

職業訓練教材

電 気 材 料

厚生労働省認定教材	
認定番号	第57564号
認定年月日	昭和62年9月7日
改定承認年月日	平成30年1月11日
訓練の種類	普通職業訓練
訓練課程名	普通課程

昭和63年2月　　初版発行
平成7年2月　　改定初版1刷発行
平成15年3月　　改定2版1刷発行
平成30年3月　　改定3版1刷発行
令和5年3月　　改定3版4刷発行

編　集　　独立行政法人 高齢・障害・求職者雇用支援機構
　　　　　職業能力開発総合大学校 基盤整備センター

発行所　　一般社団法人 雇用問題研究会
　　　　　〒103-0002 東京都中央区日本橋馬喰町1-14-5 日本橋Kビル2階
　　　　　電話 03(5651)7071 (代表)　FAX 03(5651)7077
　　　　　URL　http://www.koyoerc.or.jp/

印刷所　　竹田印刷 株式会社

131506-23-11

本書の内容を無断で複写,転載することは,著作権法上での例外を除き,禁じられています。また,本書を代行業者等の第三者に依頼してスキャンやデジタル化することは,著作権法上認められておりません。
なお,編者・発行者の許諾なくして,本教科書に関する自習書,解説書もしくはこれに類するものの発行を禁じます。

ISBN978-4-87563-421-8